세상 친절한
유전자 이야기

La vie secrète des gènes

키부터 성격, 지능까지 우리를 구성하는 유전자의 모든 것

세상 친절한 유전자 이야기

La vie secrète des gènes

에블린 에예르 Évelyne Heyer 지음 | 윤여연 옮김

미래의창

| 일러두기 |

• 본문의 각주는 한국어로 펴내는 과정에서 추가한 것이다.

들어가며

오늘날 일상 용어가 된 '유전자'나 '유전학', 'DNA'라는 단어에서 우리는 흔히 유전자 검사, 범죄 수사 드라마 속 DNA 분석, 의학적 성과들을 떠올린다. 물론 RNA(리보핵산) 바이러스가 계속 변이하는 코로나19도 빼놓을 수 없다. 그러나 나는 이 책에서 DNA의 또 다른 사용법을 소개하려 한다. 결론부터 말하자면, 우리는 DNA를 매개로 현생인류를 구성하는 요소와 인류의 진화에 대해 낱낱이 알아낼 수 있다. 이를 설명하기 위해 나는 라디오 방송국 프랑스 앵테르France Inter의 〈라 테르 오 카레La Terre au carré〉에 출연해 다뤘던 여러 주제 중 30여 개를 추려 이 책에 실었다. 내게는 모두 중요한 주제들이다. 우리가 어디서 왔는지를 이해하고 마음 깊이 새기고 싶다면 알아야 할 기본적인 상식이라고 생각한다.

DNA는 고성능의 타임머신과도 같다. DNA 분자는 우리가 조상들로부터 받은 DNA 단편들이 만들어낸 하나의 모자이크나 다름없기 때문이다. 전 세계 인류에 대한 DNA 연구가 진행된 덕분에 우리는 인류의 기원이 아프리카라는 사실을 확인할 수 있었고, 우리의 조상 모두가 이주자였다는 사실도 입증해낼 수 있었다.

유전학 중에서도 인류 진화의 비밀을 밝히는 데 특화된 분야는 융합 과학이다. 유전학이 이뤄낸 발견들은 굉장히 많은 데다 엄청나게 빠른 속도로 업데이트되고 있다. 몇 해 전, 우리는 우리의 조상들이 네안데르탈인Homo neanderthalensis과 만나 교배했으며, 현생인류가 이미 멸종된 우리의 사촌 네안데르탈인의 DNA를 아주 조금이나마 가지고 있다는 사실을 알게 됐다. 네안데르탈인 DNA의 작은 단편들이 우리 몸 안에서 어떤 현상을 일으키는지, 네안데르탈인과 우리가 어떻게 다른지를 밝혀내는 새로운 연구도 현재 진행되고 있다.

과학자들은 특히 아주 오래전부터 지능과 유전자의 연관성에 관해 연구해왔다. 최근에는 대량의 유전자 데이터와 연계된 새로운 통계적 방법이 도입되면서, IQ를 둘러싼 유전적 영향에 관한 추측들이 재조명되기도 했다(결국 유전적 요인이 지능에 미치는 영향은 우리의 추측보다 낮은 수준이었다). 그리고 지금은 아프리카를 떠나 지구를 점령한 현생인류의 환상적인 여행기를 DNA에 기반해 추적하는 연구가 뜨겁게 진행되는 중이다.

이 엄청난 모험담을, 여러분에게도 공유하려 한다. 유전자의 은밀한 삶에 초대받은 것을 환영한다!

1부

사랑과 진화의 유전자

2부

정복과 문화의 유전자

3부

과거와 미래의 유전자

4부

우연과 필연의 유전자

| 1부 |

사랑과 진화의 유전자

네안데르탈인의 유산

유럽 대륙에 살았던 우리의 먼 친척 네안데르탈인의 유전자는 아직 우리 세포에 조금이나마 남아있다. 우리는 우리의 외모와 면역 체계에 영향을 준 네안데르탈인의 유전자에 많은 빚을 졌다. 어쩌면 7만 년 전 아프리카 대륙을 떠난 현생 인류가 생존할 수 있었던 것도 이 덕분인지 모른다.

자동차 범퍼처럼 단단한 눈두덩, 추운 공기를 데워줄 납작한 코, 많은 산소를 들이마실 수 있게 도와주는 거대한 흉곽. 샤워 후 거울에 비치는 여러분의 모습을 말하는 게 아니다. 우리 조상 중 하나인 네안데르탈인을 가리키는 말이다. 아프리카인을 제외한 모든 현대인의 핏속에는 네안데르탈인의 피가 함께 흐르고 있다. 이는 DNA 고고학이라고도 불리는 고유전학이 일궈낸 뜻깊은 발견이다. 2010년부터 네안데르탈인과 현생인류 간의 혈통 관계가 속속들이 밝혀지면서, 우리가 네안데르탈인에게서 받은 유전학적 유산의 정확한 성질이 무엇인지도 점차 드러나고 있다.

우선은 과거로 돌아가 보자. 아프리카 대륙에서 기원한 호모 사피엔스Homo sapiens는 곧 아프리카를 떠나 이주를 시작했고, 머잖아 자신들보다 더 오래전에 아프리카를 떠났던 다른 인류종인 네안데르탈인을 만났다. 지금까지 살아남은 호모 사피엔스와 달리 빙하기가 닥친 유럽에 살던 네안데르탈인은 약 3만 5,000년 전 멸종해버렸지만, 고유전학적 분석 덕분에 우리는 네안데르탈인의 유전체genome를 확인할 수 있었다. 결론부터 말하자면, 지중해 북쪽 연안과 남쪽 연안에서 온 네안데르탈인들과 우리의 조상들은 식량이나 도구를 교환하는 것에서 끝나지 않고 관능적으로 하나가 됐다. 그 결과 아프리카인이 아닌 조상을 둔 현대인이라면 누구나 유전체 중 약 2%를 네안데르탈인으로부터 물려받게 됐다.

2%라는 아주 적은 양의 유전체는 과연 우리 생물학에 어떤 영향을 줬을까? 사실 이는 유전학자의 입장에서는

다소 답하기 어려운 질문이다. 이유는 두 가지다. 첫째, 네안데르탈인의 유전체 일부는 애초 호모 사피엔스의 것과 거의 동일하기 때문이다. 네안데르탈인과 호모 사피엔스의 DNA 차이는 평균 1.3‰(퍼밀, 1,000분의 1)에 불과하다. 이는 호모 사피엔스 두 명 간의 DNA 차이보다 약 30% 더 높은 수치다.

둘째, 우리의 유전체는 대부분의 경우 그다지 쓸모 있지 않기 때문이다. DNA 전체의 2~5%만이 신진대사에 직접적인 역할, 즉 세포에서 단백질로 변환되거나 분자의 생성을 제어하는 일을 한다. 유전체의 나머지 역할은 한층 미묘한 데다 잘 알려지지도 않았다. 아마 유전자 발현 수준에서 일부분 영향을 미치는 것으로 추정된다.

정리하자면, 우리가 네안데르탈인으로부터 물려받은 것은 우리의 유전체와 거의 동일한 유전체 조각들이기에, 그 조각들이 설령 우리의 몸속에서 어떤 작용을 일으키고 있다고 해도 그를 알아채기는 쉽지 않다. 조각들이 향후 어떤 변화를 불러올지 예상하는 일 역시 마찬가지다.

이러한 난관에도 불구하고 유전학자들은 흥미로운 사실들을 하나둘씩 알아내기 시작했다. 예컨대 네안데르탈인이 우리의 표현형(겉으로 드러나는 외모적이고 신체적인 특징들과 신진대사 등)에 영향을 줬다는 사실이 대표적이다. 유전자 속의 네안데르탈인 변이variant는 우리의 머리카락, 피부, 면역 기능, 신경학적 특징, 골격의 형태에 영향을 준다. 질병과 관련해서는 네안데르탈인의 유산이 이로운지 아닌지를 특정하기 힘든데, 네안데르탈인으로부터 물려받은 DNA가 자가면역질환과 같은 질병의 발병률을 증가시키는 경우가 있는 반면, 전립선암 위험과 유산 위험을 감소시키는 경우도 있기 때문이다. 또 일부 변이는 당뇨에 취약한데, 또 다른 변이는 당뇨 유발을 막아주기도 한다.

유전학자들에 따르면, 우리의 여러 유전자 중에서도 특히 면역 기능과 관련된 유전자들에는 네안데르탈인의 유산이 유익하게 작용했다. 기온이 낮고 일조량도 적은 데다 새로운 병원체까지 득실거리는 유라시아 대륙을 지나가던 호모 사피엔스는 네안데르탈인과 교배하면서 주변 환경에 빠르게 적응할 줄 아는 네안데르탈인의 유전자를 얻었다. 유라시아 대륙에 이미 살고 있던 네안데르탈인과의 혼혈이, 호모 사피엔스의 입장에서는 느리고 잔인한 자연선택Natural Selection의 고통을 받지 않게 해준 일종의 진화 촉진제였던 셈이다.

어떤 유전자 변이는 특정 환경에서는
유익하게 작용하지만, 환경이나 시대가 바뀌면
더 이상 유익한 존재가 아니게 될 수도 있다.

하지만 네안데르탈인에게서 물려받은 DNA의 이면이 오늘날에는 인류를 곤경에 빠트리고 있다. 어떤 유전자 변이는 특정 환경에서는 유익하게 작용하지만, 환경이나 시대가 바뀌면 더 이상 유익한 존재가 아니게 될 수도 있다. 이를 뒷받침하는 사례가 바로 코로나19 팬데믹이다. 잠자던 네안데르탈인의 유전자가 코로나19 중증 환자들의 증상을 악화시킨다는 연구 결과가 발표된 것이다. 만약 네안데르탈인이 현대에 나타난다면, 입장은 과거와는 완전히 반대로 뒤바뀔지도 모른다. 코로나19 시대에서 생존하기 위해 그들은 호모 사피엔스인 우리와 교배하는 방법을 택했을 것이다.

첫 키스는 동굴에서

불가리아의 어느 동굴에서 발견된 호모 사피엔스의 뼈는 호모 사피엔스와 네안데르탈인 사이의 초기 이종교배를 증명해냈다. 두 인류종에 관한 연구를 발전시켜준 흥미로운 흔적이었다.

사실 그간 네안데르탈인과 호모 사피엔스의 첫 키스에 대해서는 알려진 바가 거의 없었다. 그러나 불가리아의 어느 동굴에서 찾아낸 호모 사피엔스의 유골 덕분에, 우리는 둘의 교배에 관한 새로운 증거를 얻을 수 있었다.

현생인류인 우리는 (거의) 모두 네안데르탈인의 유전자를 아주 약간 지닌 수준이지만, 선사시대에 살았던 인류 전체는 네안데르탈인을 가까운 친인척으로 두고 있었다.

불가리아에서의 발견을 바탕으로 인류는 우리 종 호모 사피엔스의 진화 과정 중 가장 중요한 시기에 관한 핵심 정보를 밝혀내는 데 성공했다.

불가리아 북부에 있는 바초 키로Bacho kiro 동굴의 입구는 강의 협곡에서부터 시작된다. 이 동굴은 19세기 말부터 줄곧 탐사의 대상이었지만, 특히나 2015년부터는 새로운 발굴 작업이 진행되고 있었다. 그러던 중 오래된 퇴적물 속에서 뼛조각 여러 개와 어금니 한 개가 발견됐다. 고인류학자들은 해당 유해의 정체가 4만 2,000~4만 6,000년 전에 살았던 현생인류 세 명이라는 사실을 밝혀냈는데, 이는 유럽에서 발굴된 것 중 가장 오래된 호모 사피엔스의 유골이다. 이 유골의 특징은 유골의 주인들이 인류 역사에서 상당히 재미있는 시기에 살았었다는 점이다. 바로 호모 사피엔스가 네안데르탈인을 만난 시점이다. 독일의 막스플랑크 진화인류학연구소는 발굴된 유골에서 DNA를 추출해내는 데 성공했다. 훼손이 심한 상태였지만 여러 가지 흥미로운 결과를 확인할 수 있었다.

먼저 알아둬야 할 사실은 바초 키로 동굴에서 발견된 호모 사피엔스들은 현대 유럽인의 조상이 아니라는 것이다. 유럽 지역에서 발굴됐음에도 불구하고, 이 유골들의 유전형질은 현재의 유럽인보다는 아시아인에 가깝다(실제로 해당 유골은 과거 중국 북쪽 지역에 살았던 호모 사피엔스와 유전적으로 더 밀접했다). 이는 곧 바초 키로 동굴에서 발견된 초기 현생인류 집단의 후손들이 유럽 대륙에 자리 잡지 않고 아시아가 있는 동쪽으로 이동했다는 사실을 의미한다. 현대 유럽인의 조상이 될 현생인류는 이들이 동쪽으로 이주한 이후인 3만 5,000년 전쯤에야 유럽으로 들어온 것이다. 정리하자면, 호모 사피엔스들이 유럽으로 대거 유입된 것은 적어도 두 차례인데, 지금의 유럽인을 탄생시킨 것은 두 번째 이주 물결로 유입된 집단이다.

바초 키로 동굴에서의 성과가 밝혀낸 더 놀라운 사실은 따로 있다. 동굴에서 발견된 호모 사피엔스들의 유골이 네안데르탈인과 호모 사피엔스가 유럽에서 나눈 최초의 허니문과 밀접한 관련이 있다는 것이다. 해당 유골에서 확인된 유전체의 3~4% 정도가 네안데르탈인에게서 유래된 유전체 조각들이었다. 이는 그 유골들의 조상들이 네안데르탈인과 교배했으며, 그 시기가 그들의 생존 시기에서 그리 멀지 않았음을 의미한다. 약 4만 5,000년 전의 바초 키로 동굴에 살던 호모 사피엔스 세 명의 가계도에서 기껏해야 6~7세대만 거슬러 올라간다면 그 조상 중에는 네안데르탈인이 존재했다. 모두 네안데르탈인을 가까운 친인척으로 뒀던 것이다.

연구진은 이 주제를 더 깊이 파고들었고, 결국 해당 유골에서 추출된 유전체에 네안데르탈인의 DNA가 마냥 고르게 분포되지 않았으며, 오히려 특정 영역에 집중돼 있다는 또 다른 놀라운 사실을 발견했다.

쉽게 풀어서 이해해보자. 앞서 말했듯, 아프리카인이 아닌 조상을 둔 현대인이라면 누구나 네안데르탈인의 DNA를 2% 정도 지니고 있다. 그러나 이 유전자 유산이 우리의 유전체에 골고루 분포돼 있는 것은 아니다. 오히려 DNA의 영역 전체에서 네안데르탈인 유전자의 기여가 비어있기도 하다. 이처럼 불규칙한 분포가 나타나는 이유는 뭘까? 분명 네안데르탈인의 유전자 유산은 강력한 음성 선택Negative Selection을 겪은 끝에 우리의 유전자에서 부분적으로 삭제됐을 것이다. 즉, (지금은 삭제된) 해당 유전자 유산을 가졌던 과거의 현생인류는 신체적이거나 정신적인 중증 장애의 영향 탓에 상대적으로 덜 번식하고 덜 생존했을 가능성이 있다. 그리하여 현대인에게까지 해당 유전자가 전해지지 못한 것이다.

다시 바초 키로 동굴로 돌아가 보자. 연구자들은 네안

약 4만 5,000년 전의 바초 키로 동굴에 살던
호모 사피엔스 세 명의 가계도에서
기껏해야 6~7세대만 거슬러 올라간다면
그 조상 중에는 네안데르탈인이 존재했다.

데르탈인을 조상으로 둔 바초 키로 동굴 유골들의 DNA를 살펴보다가, 현대인의 DNA와 동일하게 삭제된 영역이 있음을 찾아냈다. 이는 호모 사피엔스와 네안데르탈인의 이종교배 이후 꽤 짧은 세대만에 이미 결정적이고 잔인한 음성 선택이 일어났다는 뜻이 된다. 호모 사피엔스와 네안데르탈인 혼혈의 생존 확률이 그렇게까지 낮았던 걸까? 혹은 음성 선택이 그들을 번식하지 못하게 만들었던 걸까? 그들은 무리로부터 배척당하고 추방됐을까? 현재 과학계는 이런 질문들에 대한 가설만을 내놓고 있다. 인류의 역사에서 가장 중대한 이 시기를 증명해줄 유골이나 유물이 추가로 발견되기를 기다리는 중이다.

바초 키로 동굴의 연구를 통해 밝혀진 것은 네안데르탈인과 호모 사피엔스 간의 교배가 우리가 그간 상상해온 것보다도 훨씬 더 빈번했다는 사실이다. 두 인류종의 사랑은 일상적으로 이뤄졌을 것이다. 그 진화 과정에서 네안데르탈인의 유전자 일부가 우리에게까지 전해져온 것이다. 그러므로 우리는 명백히 네안데르탈인의 후손이다. 그것도 음성 선택이라는 그물망의 틈새를 빠져나오는 데 성공한 이들의 후예다.

장거리를 즐긴 또 다른 사촌

'아시아의 네안데르탈인'이라 불리는 데니소바인은 최소 3만 년 전까지 시베리아와 동남아시아에 살았다. 호모 사피엔스의 근연종인 데니소바인은 호모 사피엔스에게 고지대에서 살아가는 능력을 물려줬다.

"과연 우리는 네안데르탈인에게 수혈을 해줄 수 있을까?"

프랑스에 위치한 엑스-마르세유대학교의 고인류학자 실바나 콩데미Silvana Condemi는 자신의 연구 아이디어가 커피 한 잔을 마시며 농담 반 진담 반으로 꺼낸 대화에서 시작됐다고 말했다. 작은 불씨였던 이 질문은 곧 '빙하기를 살던 우리의 사촌 네안데르탈인이 현대인인 우리와 같은 혈액형을 가졌는가'라는 문제에 이르렀다. 답을 찾기 위해 실바나 콩데미와 동료 연구자들은 당시 연구에 쓸 수 있었던 네안데르탈인의 유전체 중에서 가장 완전한 유전체를 분석했다. 분석 결과, 네안데르탈인들도 우리처럼 A형, B형, O형으로 대표되는 ABO식 혈액형을 가지고 있었다. 네안데르탈인에게 수혈해주는 일이 정말 가능했을 수도 있다는 이야기다. 이 연구에는 선사시대의 또 다른 인류, 데니소바인Homo denisovans도 포함돼 있었다. 데니소바인의 DNA를 분석한 결과, 데니소바인 역시 과다 출혈을 걱정하지 않고 들것에 실려와 우리의 응급실을 이용할 수 있을 것이라 한다.

그렇다면 데니소바인은 어떤 인류였을까? 네안데르탈인은 호모 사피엔스가 7만 년 전 아프리카를 떠나며 만난 우리의 먼 사촌으로 종종 소개돼 왔다. 하지만 우리에게 네안데르탈인 말고도 다른 친척이 있다는 사실은 잘 알려지지 않았다. 선사시대의 인류종인 데니소바인은 러시아, 카자흐스탄, 중국, 몽골의 접경지인 시베리아의 알타이산맥에 위치한 데니소바 동굴에서 발견됐다. 처음 발굴된 유골은 손가락 마디 뼈였다. 뼈 안에 조금 남아있던 DNA는 손상되긴 했어도 연구하는 데는 지장이 없을 만큼 충분한 양이었다. 연구를 통해 데니소바인은 네안데르탈인과 친척 관계였으며, 호모 사피엔스와도 교배한 것으로 밝혀졌다.

데니소바인이 발견된 이후, 선사학자들은 '아프리카인을 제외한 현생인류가 네안데르탈인의 DNA를 가지고 있듯이, 데니소바인의 DNA도 우리 안에 고루 존재할까?'라는 질문을 두고 논쟁을 벌였다. 시간상으로 따졌을 때, 이 질문에 대한 답은 '아니오'에 가깝다. 호모 사피엔스는 아프리카에서 막 탈출하던 시기에 네안데르탈인과 교배했다. 그렇기에 아프리카인을 제외한 우리 모두가 네안데르탈인 유전체의 2%를 얻을 수 있었다. 반면 호모 사피엔스가 데니소바인과 만난 것은 그 이후의 일이다. (네안데르탈인과의 만남 이후) 더 동쪽으로 전진해가던 호모 사피엔스는 오스트레일리아와 파푸아뉴기니로 향하는 길목의 아시아 지역에서 데니소바인을 만나 교류했다. 그 결과 오스트레일리아 원주민들과 파푸아뉴기니인들, 오세아니아인의 후손들은 데니소바인 유전체의 최대 6%를 물려받게 됐다. 남아시아인들은 이보다 적은 양의 유전체를 물려받았다. 아시아 동쪽으로 향하는 길로부터 멀리 떨어진 유럽인들에게는 데니소바인의 DNA가 거의 없다.

세계 지리를 잘 아는 사람이라면 누구나 이쯤에서 의문을 품게 될 것이다. 어떻게 시베리아에서 발굴된 데니소바인이 그로부터 수천 킬로미터나 떨어진 남아시아와 파푸아뉴기니를 지나가던 호모 사피엔스들을 만나 번식할 수 있었을까? 이런 의문은 데니소바인이 남긴 여러 수수께끼 중 하나다. 비슷한 수수께끼는 또 있다. 티베트인들까지 데니소바인의 유전체 조각을 물려받았다는 것이다. 해당 DNA에는 높은 고도에 쉽게 적응하는 유전자가 포함됐기 때문에 티베트인들은 산소가 부족한 환경에서 겪는 부작용을 피하며 고원에서 살아갈 수 있었다. 결국 네안데르탈인과의 교배에서 그랬듯, 데니소바인과의 결합에서도 호모 사피엔스는 생존에 유리한 혜택을 획득해낸 셈이다. 남은 문제는 하나다. 티베트고원 역시 알타이산맥의 데니소바 동굴로부터 2,800킬로미터나 떨어진 곳이라는 점이다. 데니소바인은 장거리 이동을 즐겼던 인류임이 분명하다.

2021년에 발표된 두 개의 논문은 데니소바인에 대한 미스터리를 조금이나마 해소해줬다. 첫 번째 논문은 살킷Salkhit에 관한 것이다. 3만 4,000년 전, 몽골 북동쪽 지역을 돌아다니던 호모 사피엔스가 있었다. 발견된 지역의 명칭을 따라 '살킷'이라는 이름을 얻은 이 호모 사피엔스의 유골에서 추출한 DNA를 독일의 연구진과 몽골의 연구진이 공동으로 분석했다. 그 결과, 살킷이 살던 시대로부터 6,000년도 더 전에 이미 호모 사피엔스와 데니소바인 간의 교배가 이뤄지고 있었다는 사실을 증명해주는 데니소바인의 유전자 흔적이 발견됐다. 4만여 년 전의 동아시아 지역에 데니소바인이 머물렀다는 확실한 증거였다.

두 번째 논문은 중국, 독일, 미국의 공동 연구진이 티베트에 있는 바이시야 카르스트Baishiya karst 동굴의 퇴적물에 섞여 있던 인류 DNA를 분석한 것이다. 연구진은 10만 년 전과 6만 5,000년 전이라는 두 기간 동안, 그리고 심지어는 비교적 가까운 과거인 4만 년 전에도 데니소바인이 바이시야 카르스트 동굴에서 지냈을 것이라는 결론에 도달했다. 이는 같은 동굴에서 발견된 턱뼈를 두고 16만 년 전에 활동했던 데니소바인이라고 추정했던 과거의 단백질 분석 연구를 보완하는 것이기도 했다. 요약하자면, 데니소바인은 높은 고도에 대한 적응력을 갖출 만큼 오랫동안 티베트에서 지내다가 호모 사피엔스와 교배함으로써 자신의 적응력을 호모 사피엔스의 후손에게 물려줬던 것이다.

그렇다면 파푸아뉴기니인들의 경우는 어떻게 설명할 수 있을까? 어떻게 해서 데니소바인의 피가 그곳까지 흘러갔을까? 사실 서로 다른 데니소바인 집단이 최소 두 개 이상 존재했다는 것이 통설이다. 한 집단은 아시아 대륙에 사는 현생인류의 유전체에 기여했고, 다른 집단은 파푸아뉴기니와 오스트레일리아로 떠난 현생인류에게 영향을 줬다고 생각하면 논리적으로 들어맞는다. 다만 고고학적 유물이 발견되지 않은 탓에, 우리가 두 번째 집단에 대해 알 수 있는 사실은 아직 전혀 없다. 그렇다 해도 우리의 또 다른 사촌인 데니소바인이 아시아 곳곳에 퍼져 거주했다는 것만은 입증된 상태다. 농담 삼아 선사시대 버전의 중국이라 불러도 무방한 수준이다.

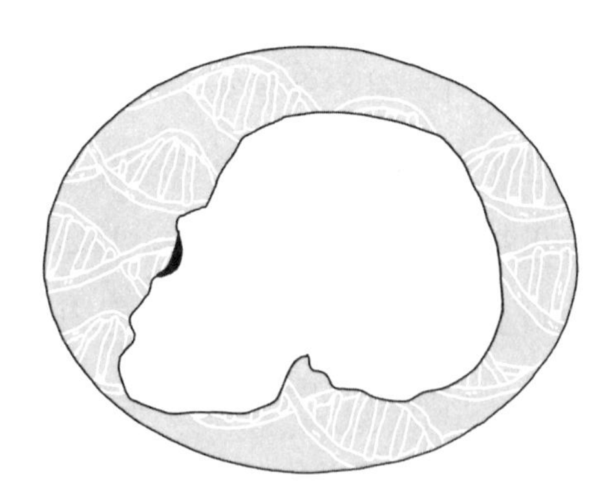

당신은 수다 떨기 위해 태어난 사람

뿌리 깊게 자리 잡은 호모 사피엔스의 사회성은 어디에서 비롯한 걸까? 대답을 들으면 여러분은 깜짝 놀랄 것이다. 우리의 사회화에 영향을 끼친 것은 직립보행으로 서서히 변화한 여성의 골반 구조이기 때문이다.

페이스북은 어떻게 창업한 지 20년도 지나지 않아 엄청난 수익을 벌어들이는 대기업이 됐을까? 어째서 청소년의 뇌는 하루에도 몇 시간씩 틱톡을 비롯한 각종 SNS에서 벗어나지 못하는 걸까? 이유는 간단하다. 인류는 매우 사회적인 동물이기 때문이다. 우리는 눈을 뜨고 일어나는 순간부터 잠자리에 들 때까지 온종일 '좋아요'를 누르고 댓글을 달며 이야기를 이어간다. 스마트폰이 없는 상황에서도 수다는 계속된다. 진화는 어떻게 우리를 의사소통에 집착하는 존재로 만들었을까? 이와 관련한 최신 근거들은 하나같이 놀랍다. 모든 것은 출산하는 여성의 골반 길이로 설명되기 때문이다.

우리의 끝없는 수다와 여성의 해부학적 구조 사이에는 대체 어떤 연결고리가 존재하는 걸까? 이를 이해하기 위해서는 인류 진화의 여러 전환점 중에서도 직립보행이 출현한 시기를 되짚어볼 필요가 있다. 직립보행은 장점이 많은 이동 방식이다. 직립보행 덕분에 우리 조상들은 지구력이 좋은 동물들을 사냥하러 사바나의 곳곳을 뛰어다닐 수 있었다. 하지만 직립보행이 시작되며 골반의 형태가 바뀐 탓에, 여성의 골반관(아기가 통과하는 부분)이 더욱 좁아지는 문제가 발생하기도 했다.

직립보행은 약 400만 년 전에 갑작스레 일어난 현상으로 보인다. 문제는 정확히 이 시기에 인류의 뇌가 커지기 시작했다는 것이다. 400만~200만 년 전만 해도, 인류의 뇌가 커지는 속도는 키가 자라는 속도에 비해 훨씬 느렸다. 그러다 200만 년 전쯤 뇌가 커지는 속도가 키가 자라는 속도를 제치기 시작했고, 출산 과정은 더 복잡해질 수밖에 없었다. 어떻게 해야 점점 커지는 머리가 좁아진 골반관을 통과할 수 있을까? 일부 생물학자들은 이 문제에 '출산의 딜레마Obstetrical Dilemma'라는 이름을 붙였다.

자연선택은 거대해진 아기의 뇌가 비좁아진 산모의 골반에 걸리는 문제를 어떻게 해결했을까? 적당히 미숙한 발달 상태와 골반관을 통과할 수 있을 정도로만 작은 뇌를 가지고 세상에 태어나는 방식, 즉 '미완성 작품'을 만드는 것이 해결법이었다. 이 방법은 신생아가 지나치게 미숙한 상태로 태어나면 사망할 위험이 크고, 또 반대로 너무 우람한 뇌를 가진 채 태어나면 산모가 출산 도중에 사망해버린다는 딜레마에 대한 최선의 타협이었다.

신생아의 뇌는 꾸준히 성장하며 용적을 늘려가지만, 출생 직후에는 유독 미숙하다. 침팬지와 비교하면 이해가 쉽다. 갓 태어난 침팬지의 뇌 크기는 성체의 뇌 크기의 절반 정도다. 반면 인류의 경우, 갓 태어난 아기의 뇌 크기는 성인의 4분의 1에 불과하다. 그래서 신생아는 감각 운동 발달이 더딘 반면, 새끼 침팬지는 태어나자마자 어미를 알아보고 매달리는 것이다. 막 태어난 신생아는 팔과 다리를 마음대로 통제하지 못한다. 신생아의 발달 수준이 새끼 침팬지와 같아지려면 인류의 임신 기간이 지금의 평균인 9개월보다는 훨씬 길어야 할 것이다. 그렇기에 신생아 뇌의 많은 부분은 출생 이후에야 발달하게 된다.

인류의 뇌가 생후에 발달한다는 사실은 무리 안에서의 상호작용에 큰 영향을 준다. 신생아는 개인, 가족, 공동체에 둘러싸여 성장하기 때문이다. 우리의 뇌는 다른 인류 개체들과의 사회적 상호작용이 풍부한 환경 속에서 발달할뿐더러, 태어나자마자 여러 얼굴을 알아볼 수 있도록 설계돼 있다. 우리는 아주 사회적인 뇌를 가진 셈이다.

인류가 일구는 사회적 상호작용은 점점 더 복잡하고 용적이 큰 뇌를 만들어냈다. 아기는 미성숙하게 태어남으로써 사회적 관계들에 둘러싸여 보호받을 수 있지만, 그만큼 무리 내부의 상호작용에 적응하기 위해 다양한 요소를 고민해가며 성장한다. 미성숙이라는 힘과 뇌의 복잡성이라는 힘이 선순환하며 우리의 진화를 부추긴 것이다. 그 결과 기본적으로 소통을 나눠야만 살아갈 수 있는 인류가 탄생했다. 우리에게 교류는 산소처럼 생존에 꼭 필요한 존재다. 코로나19의 위기가 닥쳤을 때 우리는 바이러스 확산을 막기 위해 사회적 거리 두기 등의 강력한 규제에 따라야 했지만, 동시에 많은 이들이 그 매뉴얼을 따르기를 주저했다. 지금까지도 우리는 직립보행의 대가를 치르는 중이다.

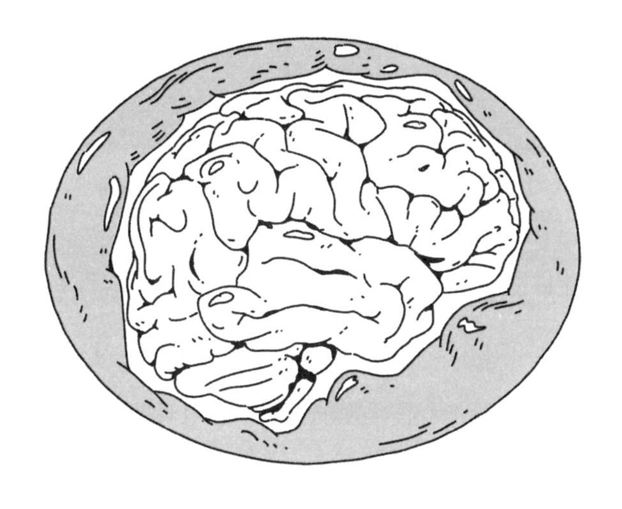

인류가 일구는 사회적 상호작용은
점점 더 복잡하고 용적이 큰 뇌를 만들어냈다.

피부색의 비밀

고정관념 그리고 영화에서 흔히 다뤄지는 모습과는 달리 선사시대 유럽의 수렵채집인은 피부색이 진했다. 정작 유럽인의 상징처럼 여겨지는 '새하얀' 피부는 불과 몇 세대 전부터 시작된 것이다.

브라질 출생의 사진작가 안젤리카 다스Angélica Dass는 초등학생 시절 선생님으로부터 자신이 그린 그림 속 인물의 '피부색'을 분홍색으로 칠하라는 말을 들었다. 아프리카인을 조상으로 둔 안젤리카의 피부색은 짙은 편이었고, 완성된 그림 속에서 자신과 전혀 닮지 않은 인물을 마주한 그녀는 실망감과 언짢음을 느꼈다. 세월이 흘러 그녀의 도구는 색연필에서 카메라로 변했다. 안젤리카는 인류의 다양한 피부색 목록을 만들겠다는 목표 아래 대대적인 아트 프로젝트 '휴머나이Humanæ'를 시작했고, 20개 국가를 돌아다니며 4,000여 점의 인물 사진을 촬영한 뒤 거대한 만화경으로 다시 구성했다. 이는 우리 인류의 다양성을 제대로 보여준 작품이었다. 안젤리카에게 있어 4,000개의 피부색은 저마다 고유하다.

안젤리카 다스가 촬영한 개개인의 피부색 사진을 세계지도 위에 하나씩 붙여본다면, 피부색이 진한 사람들은 열대지방 부근의 일조량이 많은 지역, 반대로 피부색이 밝은 사람들은 북유럽처럼 위도가 높은 지역에 주로 놓일 것이다. 이런 현상이 나타나는 이유는 뭘까? 사실 피부색은 표피세포에 있는 색소인 멜라닌melanin의 양에 따라 결정되는 요소다. 멜라닌의 양이 많을수록 피부색도 함께 진해진다. 천연 선크림과도 같은 멜라닌 색소는 자외선 A 등의 자외선으로부터 우리를 보호해주고, 자외선에 과하게 노출되어 건강에 문제가 생기는 일을 미리 막아준다. 그렇기에 일조량이 많은 지역에서 생존하는 데는 진한 피부색이 유리한 것이다.

반대로 일조량이 적은 지역에서는 피부색이 밝을수록 득이 된다. 왜일까? 피부색이 밝으면 피부의 아래층인 진피까지 햇빛이 침투할 수 있기 때문이다. 자외선에 지나치게 노출되는 것도 문제지만, 아예 자외선을 받지 못해도 건강에 문제가 생길 수 있다. 일정량의 햇볕을 쬐는 일은 인류에게 필수적이다. 밝은 피부가 흡수한 일정량의 자외선 덕분에 체내에서는 다양한 역할을 담당하는 비타민 D가 합성된다(**85쪽 참고**). 비타민 D는 특히 장에서 칼슘과 인의 흡수를 돕는다. 만약 체내에 비타민 D가 부족하면, 구루병과 같은 뼈 성장 관련 질환에 걸릴 위험이 커진다.

우리의 피부색은 어떻게 다양해졌을까? 우리의 조상들은 원래 유인원처럼 온몸이 털로 가득했다. 빼곡한 털들이 피부를 지켜준 덕분에, 피부색 자체는 밝은 편이었을 것이다. 변화가 일어난 것은 100만여 년 전쯤으로 추정된다. 일조량이 많은 아프리카 지역에 살던 조상 인류부터 점점 털이 빠지기 시작했다. 길고 무성한 털 대신 피부 자체를 진하게 만드는 방식의 진화가 시작된 것이다. 이후, 우리의 조상들이 아프리카를 떠나 위도가 높은 유럽과 아시아에 도착한 뒤에는 햇빛으로부터 몸을 보호할 필요가 없었기에 피부색 역시 재차 변화했다.

아프리카를 떠난 조상들의 피부색은 자연선택의 영향

으로 밝아진 것이지만, 사실 아프리카를 떠나자마자 변화가 일어나지는 않았다. 처음으로 유럽에 도착한 초기 현생인류는 비타민 D가 풍부한 식량인 생선과 순록 고기를 섭취했기 때문에 굳이 비타민 D의 합성을 돕기 위해 피부를 밝게 변화시킬 필요가 없었다. 이누이트 등 북극지방에 거주하는 현생인류의 피부색이 진한 편인 이유도 이런 맥락에서 이해할 수 있다. 이들이 사냥해 먹는 바다표범을 비롯한 해양 포유류에는 비타민 D가 풍부하게 포함돼 있다.

그렇다면 유럽인의 피부색은 언제부터 밝아졌을까? 우리는 우리 조상의 화석 뼈에서 추출한 DNA 덕분에 정확한 연대를 추정할 수 있었다. 그리고 사하라 이남 아프리카인들과 유럽인들 사이의 피부색 차이를 상당 부분 설명해줄 돌연변이도 알게 됐다. 선사시대 유골에서 추출한 DNA를 분석해 이들의 피부색을 파악하고 복원 모습을 만드는 일에도 성공했는데, 놀랍게도 구석기 시대의 유럽인들, 그러니까 라스코 벽화를 그렸던 이들은 짙은 피부에 푸른 눈이었다!

이렇듯 피부색은 오랜 시간에 걸쳐 환경에 맞게 변화했다. 예컨대 불과 5,700년 전 덴마크에 살았던 한 여성이

씹던 자작나무 수지로 만든 껌에서 DNA를 추출해본 결과, 그녀 역시 짙은 피부(그리고 푸른 눈)를 가졌던 것으로 밝혀졌다. 4만 년 전 짙은 피부색의 인류가 유럽에 도착한 뒤로, 유럽인들은 적어도 지금으로부터 약 6,000년 전까지 그 모습을 간직했던 것이다.

실제로 유럽에 거주하던 수렵채집인의 피부색은 중동 지역의 농경인들이 유럽으로 이주해온 뒤에야 밝아졌다. 중동에서 이주해온 이들의 피부색이 더 밝았기에, 그들과 교배한 결과 피부색에 변화가 일어났던 것이다. 하지만 무엇보다 영향을 끼친 요소는 당시 유럽에 살던 이들의 식생활 변화였다. 사람들은 주식으로 비타민 D가 부족한 곡물을 먹기 시작했고, 자연스레 더 밝은 피부색으로 진화할 수밖에 없었다. '우리가 먹는 음식은 우리 몸에 그대로 드러난다'라는 뻔한 다이어트 문구가 당시에는 정말로 현실이었던 것이다.

그렇다면 혹시 네안데르탈인과 데니소바인의 피부색도 알 수 있을까? 두 고인류의 모습을 복원하는 작업은 훨씬 까다롭다. 약 수천 년 전 생존했던 현생인류의 경우에는 현대인의 변이와 비교하는 일이 가능하다. 유전체 중에서 피부색에 영향을 준 변이가 현대인의 것과 동일하다고 가정한다면 DNA 분석을 향한 모험이 어렵지 않기 때문이다. 그러나 네안데르탈인과 데니소바인이 생존했던 시기는 너무나 먼 옛날이다. 게다가 피부색은 여러 유전자 내에서도 각종 변이에 따라 달라지기 때문에, 그들의 DNA만을 바탕으로 네안데르탈인과 데니소바인의 모습을 예측하는 일은 다소 위험하다.

네안데르탈인의 멸종

우리의 사촌 네안데르탈인은 3만 5,000년 전 멸종해버렸다. 대체 원인이 뭘까? 유전학에서는 몇 가지 가설을 제시했고, 네안데르탈인의 실질적인 쇠퇴는 3만 5,000년보다도 훨씬 오래전에 시작됐다는 사실도 함께 밝혀냈다.

프랑스 남서부의 도르도뉴Dordogne 지역에는 수백 개의 바위 그늘이 있다. 그늘이라기보다도 석회암 절벽의 경사면 군데군데에 뚫린 단순한 구멍에 가까운데, 여름마다 내리쬐는 태양 빛으로 달궈지기 일쑤다. 이 바위 그늘이 있는 라 페라시La Ferrassie로 향하는 지방도로에는 그곳이 세계적인 관심을 받는 고고학 유적지라는 사실을 알리는 표지판이 하나도 없다. 그러나 4만 1,000년 전 네안데르탈인들은 분명히 그 바위 아래에 죽은 이들을 묻어줬다. 퇴적물 사이에서 유골이 발견된 적이 있었는데, 최근 분석 결과 두 살 정도의 어린아이이며 의도적으로 땅에 묻힌 것이라는 사실이 밝혀졌다. 네안데르탈인들의 매장 문화가 최초로 확실시된 것이다.

이는 네안데르탈인들 역시 죽음에 대해 상징적인 생각을 가졌음을 증명한다. 그렇다면 4만 년 전, 유럽에서의 생활이 거의 끝나가던 시기에도 네안데르탈인은 자기 종의 죽음을 예견했을까? 우리의 근연종이자 사촌이자 또 조상인 네안데르탈인은 약 3만 5,000년 전에 완전히 멸종했다. 그러나 이 멸종에는 이해하기 힘든 의문점이 존재한다. 네안데르탈인은 유럽부터 몽골에 이르는 유라시아 대륙에 수십만 년 동안 거주하며 여러 차례의 빙하기와 온난기를 거쳤다. 그들은 불을 다룰 줄도 알았고, 옷을 입고 다니기도 했다. 주변 환경에 쉽게 적응해갈 정도로 지능이 높았던 네안데르탈인은 어째서 멸종해버렸을까? 확실히 미스터리한 일이다. 오늘날 유전학에서는 이 미스터리에 관한 몇 가지 가설을 내놓고 있다.

여러 가설 중에서 잘 알려진 것들로는 유럽에 새로이 이주해온 호모 사피엔스가 네안데르탈인을 학살했을 것이라는 주장과 질병의 영향이 컸을 것이라는 주장이 있다. 뒷받침해줄 명확한 증거가 없었기에 이 둘은 모두 인정받지 못했다. 그러나 얼마 전, 새로운 기술을 적용해 화석 유해에서 네안데르탈인의 유전체를 추출할 수 있게 되면서 상황은 조금 달라졌다. 연구 결과, 당시 네안데르탈인의 유전자 다양성은 호모 사피엔스보다도 낮은 수준이었으며, 무엇보다 해로운 돌연변이가 유전체에 축적된 상태였다.

DNA 속에 축적된 돌연변이는 어떻게 설명할 수 있을까? 인구의 변화에 주목하면 된다. 여러 유전체를 바탕으로 특정 집단 또는 특정 종의 인구 변화를 유추해낼 수 있기 때문이다. 유전체의 각 부위에서 공통된 조상의 연대를 계산하는 원리다. 만약 어떤 시기에 집단의 범위가 좁은 상태라면 개체들의 조상은 자주 겹치기 마련이다. 쉽게 설명하자면, 인구가 적은 마을에 사는 주민 두 명의 조상이 겹칠 확률이 대도시에 사는 주민 두 명의 조상이 겹칠 확률보다 더 높다는 뜻이다. 이와 같은 연대를 모두 모아 살펴보면 우리는 과거 여러 집단에 영향을 끼친 인구의 변화를 추측할 수 있게 된다.

이 접근 방식을 통해 네안데르탈인을 분석한 결과, 멸

종되기 수만 년 전부터 네안데르탈인의 인구는 이미 줄어들고 있었음이 밝혀졌다. 이들의 인구 감소는 사실상 호모 사피엔스가 네안데르탈인의 영역으로 이주해오기 전부터 시작됐다. 종의 인구가 줄어들면 자연히 해로운 돌연변이가 쌓이게 된다. 네안데르탈인의 유전자에 차곡차곡 축적된 돌연변이는 주변 환경의 변화에 적응하는 능력을 약하게 만들었을 것이고, 끝내 이들의 멸종 시기를 앞당기는 데 영향을 줬을 것이다.

아프리카를 떠난 호모 사피엔스가 유럽에 도착했던 시기는 4만여 년 전이다. 그 전부터도 네안데르탈인은 쇠퇴하고 있었고, 따라서 널리 퍼진 통념처럼 호모 사피엔스가 네안데르탈인의 멸종에 엄청난 책임이 있다거나 학살을 벌였다는 이야기는 사실이 아니다. 다만 호모 사피엔스가 출현하면서 네안데르탈인의 영역으로까지 진출한 탓에 네안데르탈인의 유전자 교류가 여러모로 제한됐고, 이로 인해 멸종이 다소 촉진됐을 가능성은 존재한다.

비록 네안데르탈인은 멸종했지만 이들의 유전체는 우리 종 호모 사피엔스에게 일부 흩어져 있다. 이미 여러 차례 강조했듯, 아프리카를 떠난 호모 사피엔스가 중동과 유럽에서 네안데르탈인을 만나 교배했기 때문이다. 현생

인류의 DNA에 흩어진 네안데르탈인 유전체의 조각들을 모두 모아 연결해보면 네안데르탈인 유전체의 거의 절반을 완성할 수 있게 된다. 적어도 네안데르탈인의 DNA만은 우리 안에서나마 멸종하지 않은 셈이다.

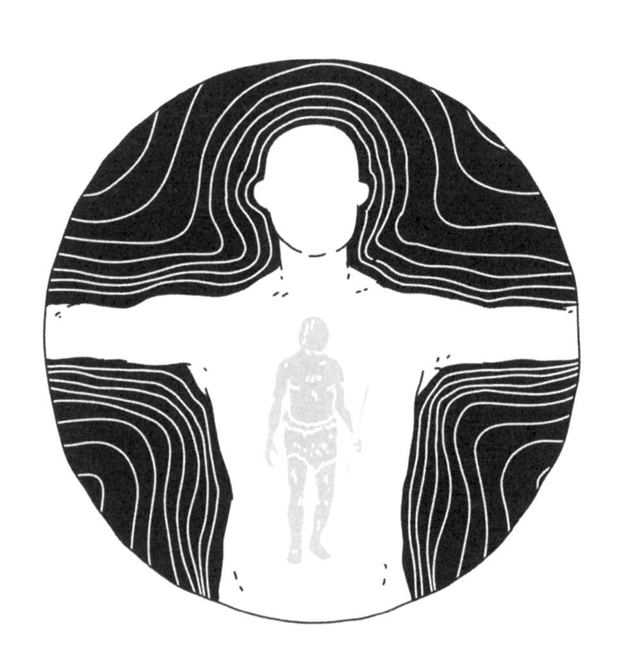

할머니들이 더 오래 사는 이유

인류의 가족 구조는 영장류 사이에서도 유일무이하다. 우리는 아이를 많이 낳고, 오랫동안 양육한다. 무엇보다 놀라운 점은 할머니가 손주들을 돌본다는 것이다. 진화적 관점에서 볼 때, 이는 아주 신비로운 일이다.

1970년대의 사회생물학이 논했던 것은 유전학의 전체주의 버전이었다. 민족지학ethnography적인 연구와 진화를 섞어 위험한 일을 벌이던 사회생물학자들은 결국 인류의 모든 행동이 자기의 유전자를 후손에게 물려주려는 생물의 절대적 욕망으로 설명된다고 주장했다. 그들이 힌트를 얻은 곳은 중앙아프리카의 열대우림에 사는 고릴라들이었다. 고릴라의 경우, 싸움을 통해 우두머리 자리를 차지한 수컷일수록 더 많은 번식에 성공하는 경향이 있었다. 이와 같은 행동을 관찰한 사회생물학자들은 자연선택부터가 폭력을 선호하므로, 인류의 폭력적 행동은 유전자가 부추기는 일이라는 결론을 내리기에 이르렀다. 또 그들은 동일한 추론 방식을 이용해 사회적 집단, 즉 인류 또는 동물 집단 내에서 발생하는 여러 지배 행동을 설명하려 했는데, 이는 지배와 식민이 정당화될 위험이 있는 접근법이었다.

이 접근법은 인간 과학sciences Humaines의 몰이해나 다름없었으므로 학계의 비난을 불러일으켰다. 그러나 사회생물학자들이 말하는 진화론적 접근 방식과 관련성을 보이는 사회적 현상들이 일부 존재하는 것만은 사실이다. 대표적인 것이 인류의 가족 기능이다. 우리는 다른 영장류와는 사뭇 다르다. 인류는 짧은 기간 동안 많은 아이를 낳고, 자식들은 부모의 품에서 20살이 넘도록 함께 지내곤 한다.

반면 침팬지와 고릴라는 4~5년마다 한 마리의 새끼를 낳으며, 태어난 새끼가 혼자 식량을 구해 먹을 수 있을 때까지 기다리고 나서야 다시 새끼를 가진다. 요약해보자. 인류는 확실히 단기간에 많은 아이를 낳는다. 게다가 그

많은 아이들을 한꺼번에 그리고 오랫동안 돌봐준다.

이와 같은 인류만의 특징을 어떻게 설명할 수 있을까? 우리에게는 아이들을 아낌없이 보살피고 훈육하기 위한 상부상조 풍습이 존재한다. 한 아이가 어머니의 품에서만 자라지는 않기에 아이의 생존 역시 어머니의 몫만은 아닌 것이다. 아버지, 형제자매, 삼촌, 이모와 고모 등의 가족 구성원뿐 아니라 아이가 사는 동네의 어른들까지 육아에 동참한다. 이와 같은 대규모의 유동적인 방식은 인류의 가족적인 특성 중 하나다. 이러한 상부상조 덕분에 부모가 세상을 일찍 떠난 아이라도 사회와 타인의 도움을 받아 생존할 수 있다. 그러나 인류의 친척이라 불리는 고릴라와 침팬지의 경우, 보통은 어미가 죽으면 새끼도 살아남지 못한다.

어머니의 차원을 넘어선 상부상조의 보살핌이 인류의 가족 구성에 유연성을 준 것은 분명하다. 하지만 이 사실이 아이들의 생존에만 영향을 미친 것은 아니다. 상부상조 풍습은 여성의 수명과도 관련돼 있다. 인류는 여성이 폐경 이후, 즉 번식 기간이 지난 이후에도 생존하는 거의 유일한 종種이다. 유전자 전달만이 삶의 목적이라 생각하는 이들의 관점에서 보자면 기묘한 일이다. '자신의 DNA

를 더 이상 물려주지 못하게 된 여성들이 계속 생존할 수 있는 이유는 뭘까?'라거나 '어째서 인류의 어머니들은 유달리 수명이 길까?'라는 수수께끼가 생기기 때문이다.

대다수의 이론은 여성이 아이들과 손주들을 돌보기 위해 더 오래 산다고 설명한다. 젊은 세대를 길러내고 교육하는 데 할머니들의 역할이 중요하다는 것이다. 고대의 할머니들도 손주들이 생존할 수 있게 도왔을 것이다. 정성껏 돌보고, 지식을 전달하고, 먹을거리를 챙겨줬을 것이다. 폐경 이후에도 활발히 삶을 이어가며 자손을 돌봤던 할머니들의 도움으로 손주들은 더 잘 생존할 수 있었고, 재차 할머니의 유전자를 물려받아 퍼트리게 됐다. 할머니들의 장수 유전자는 그런 식으로 여러 세대에 걸쳐 확산된 뒤 이제는 인류의 특징으로 자리 잡았다. 한마디로, 우리는 늘 할머니들 덕에 살아있는 것이다.

고대의 할머니들도 손주들이

생존할 수 있게 도왔을 것이다.

정성껏 돌보고, 지식을 전달하고,

먹을거리를 챙겨줬을 것이다.

정글 속의 두 인류

5만 년 전, 지금은 멸종된 두 인류종이 동남아시아에 터를 잡았다.

인도네시아의 열대우림은 유인원들에게 특별한 공간이다. 키 큰 나무들이 뻗어내는 가지들과 푸른 잎 사이에는 유명한 오랑우탄 세 종이 살고 있다. 한 종은 보르네오Borneo섬에만 정착했고, 나머지 두 종은 수마트라Sumatra섬에서 산다. 이곳은 아프리카 밖에서 인류가 아닌 유인원을 만날 수 있는 유일한 지역이다. 열대우림에 터전을 꾸린 오랑우탄들은 고립된 채 살아가고, 거의 나무 위에서만 생활한다는 특징이 있다. 다른 유인원들에게선 절대 나타나지 않는 습성이다.

또 다른 유인원인 우리 인류에게도 인도네시아는 남다른 지역이다. 인류의 진화가 인도네시아에서 꽃을 피웠다고 해도 과언이 아니기 때문이다. 5만 년 전 인도네시아에는 호모 사피엔스와는 다른 인류종이 살았다. 바로 호모 플로레시엔시스Homo floresiensis다. 플로레스인이라고도 불리는 이들은 유독 작은 신장과 체구 덕에 선사학자들에게 '호빗'이라는 별칭으로 불렸다. 같은 시기에 또 다른 인류종인 호모 루소넨시스Homo luzonensis, 줄여서 루손인이 인도네시아 근처의 필리핀에 정착했다. 이처럼 우리 인류의 진화를 이해하고 덤불처럼 얽힌 여러 인류종을 구분하는 데 동남아시아는 몹시 매력적인 지역이다.

그렇다면 플로레스인과 루손인은 인류 계통수phylogenetic tree* 의 어떤 나뭇가지에 매달린 존재일까? 이들은 어떻게 현생인류인 호모 사피엔스의 계통과 연결되는 걸까? 우리는 아직 이 질문에 대한 결정적인 답을 찾지 못했다. 몇몇 고인류학자들은 멸종된 이 두 인류종이 지금으로부터 약 200만 년 전 최초로 아프리카를 떠난 호모 에렉투스Homo erectus의 후손일 것이라는 가설을 제시했다. 이 가설은 인

* 동식물 등의 진화 과정을 나무 모양의 줄기처럼 그려 정리하는 다이어그램.

도네시아의 자바Java섬에서 발견된 호모 에렉투스의 유골을 근거로 든다. 아프리카를 나와 아시아 지역으로 이주한 호모 에렉투스는 그곳에서 진화를 거쳐 플로레스인과 루손인으로 나뉘어간 것으로 보인다.

플로레스인과 루손인이 멸종한 상태라면, 그들의 후손은 살아있을까? 유전학자들은 현대인의 DNA에 두 인류의 흔적이 남아있는지를 살펴봤다. 연구에는 다른 지역에 사는 현대인과 비교했을 때 비정형적인 부분이 있는, 즉 어떤 외부의 영향을 받았을 것으로 보이는 유전자 보유자를 찾아내는 방법이 쓰였다. 참고로 우리 종인 호모 사피엔스는 20만~30만 년 전 아프리카에 처음 나타났으며, 7만 년 전에 아프리카를 떠나 6만 년 전 아시아에 처음 도착했다. 그러므로 약 200만 년 전 아프리카를 떠나온 루손인과 플로레스인의 조상들은 초기의 호모 사피엔스가 아시아에 도착하기 전에 진화해둘 시간이 충분했다. 만약 이 집단 간에 이종교배가 이뤄졌다면, 동남아시아인들의 유전체에는 분명 그 흔적이 남아있을 것이다.

오스트레일리아 애들레이드대학교 연구소의 연구진은 그 흔적을 찾아내는 것을 목표로 삼아 동남아시아 지역에 사는 200명의 유전체를 조사했다. 결과는 어땠을까? 그들에게는 다른 종과 섞였던 흔적이 전혀 발견되지 않았다. 오히려 훨씬 더 최근에 새겨진 유전자 흔적이 확인됐는데, 바로 네안데르탈인과 데니소바인의 것이었다. 우리 유전자에 흐르는 네안데르탈인의 기여에 대해서는 이미 여러 차례 설명한 바 있다. 요약하자면, 아프리카를 떠나 중동 지역에 도착한 초기의 호모 사피엔스 집단이 유라시아 대륙에 수십만 년 전부터 정착했던 네안데르탈인을 만나 교배했고, 그래서 모든 비아프리카인 인류의 DNA에는 네안데르탈인의 유전자 2%가 섞여 있다는 내용이다.

데니소바인은 네안데르탈인의 사촌 격인 인류다. 앞서 말했던 오스트레일리아 원주민, 파푸아뉴기니인들과 오세아니아인들은 물론, 인도네시아인들과 필리핀인들의 유전체에도 데니소바인의 흔적이 묻어있다. 그런데 바로 이 지점이 의문을 낳는다. 분명 오세아니아인들에게서 데니소바인의 피가 흐르고 있다는 연구 결과가 도출됐건만, 해당 지역에서는 데니소바인의 유골이 발굴된 적이 한 번도 없기 때문이다. 여태 데니소바인의 유골이 발견된 곳은 시베리아와 티베트 지역뿐인데, 두 지역은 인도네시아와 필리핀에서 너무나 멀리 떨어져 있다. 데니소바인이 장거리 이동을 즐기는 종이었거나 세계 곳곳에 여러 데니소바인 집단이 존재했을 것이란 가설에 힘을 실어주는 결과다. 최근 데니소바인의 것으로 추정되는 치아가 라오스에서 발견됐듯, 조만간 열대 지역에서 데니소바인의 뼈가 발견되더라도 그리 놀랍지는 않을 듯하다.

그렇다면 아시아인들이 데니소바인으로부터 물려받은 유전자 유산에는 어떤 기능이 있을까? 2021년, 파리의 한 연구진은 호모 사피엔스와 데니소바인의 교배가 잦았으며, 이를 통해 데니소바인이 당시의 호모 사피엔스에게 가장 좋은 면역 기능을 전달했다는 사실을 밝혀냈다. 호모 사피엔스의 유전체에서 면역 관련 유전자에 대한 강력한 자연선택을 발견했는데, 분석 결과 해당 유전자는 데니소바인과의 교배에서 유래된 것이었다.

아쉽게도 당시의 두 인류가 정확히 어떤 병원균과 싸웠는지는 알 수 없지만, 그 균에 맞설 힘을 데니소바인으로부터 얻었다는 사실만은 부정할 수 없다. 데니소바인과 관련한 연구 중 가장 놀라운 발견은 데니소바인이 예상보다 훨씬 더 오래 살아남았을 것이란 사실이다. 그들은 2만 5,000년 전까지 지구에 존재했을 수도 있다. 플로레스인, 루손인, 데니소바인까지. 당시의 동남아시아는 다양한 인류종으로 북적이는 곳이었다.

우리 인류에게도 인도네시아는 남다른 지역이다.
인류의 진화가 인도네시아에서 꽃을 피웠다고 해도
과언이 아니기 때문이다.

사피엔스는 고독해

얼마 전까지만 해도 다섯 종의 인류가 지구를 공유하고 있었다. 그러나 21세기의 우리는 '호모' 속을 대표하는 하나뿐인 종이다.

미얀마 정글 속으로 깊숙이 들어가면, 작은 영장류 하나가 정글을 방문한 이들과 함께 '무궁화 꽃이 피었습니다' 놀이를 한다. 이 영장류는 특히나 겁이 많아서 누군가 자신을 지켜보고 있으면 조각상처럼 움직이지 않는다. 잿빛 얼굴과 대비되는 오묘하고 흰 눈두덩을 가진 포파 랑구르Popa langur는 지역 주민들이 신성하게 여기는 사화산인 포파산에만 사는 원숭이다. 포파 랑그루는 2020년에야 겨우 인류에게 발견됐는데, 이 발견조차 녀석의 배설물이 남긴 DNA의 흔적 덕분에 가능했다. 생물들이 서서히 줄어들고 있는 현실이지만, 포파 랑구르라는 새로운 종의 발견은 놀라운 지구 생물의 다양성–현존 생물종의 수는 870만 종 이상으로 추산된다–을 상기시키기도 한다. 재미있는 점은 우리에게 알려진 곤충 종의 수는 나비목 약 17만 종을 비롯해 총 100만 종에 이르는데, 그에 반해 영장류의 수는 500종에 불과하다는 사실이다.

영장류 중에서도 인류는 지구에 사는 유일한 '인류' 종이다. 하지만 인류가 늘 고독했던 건 아니다. 6만 년 전, 지구에는 적어도 다섯 종의 인류가 함께 살고 있었다. 멸종된 우리의 사촌들은 어떤 이들이었을까? 가장 잘 알려진 종은 역시 네안데르탈인이다. 호모 사피엔스를 비롯한 대부분의 집단이 그러했듯, 과거 네안데르탈인의 조상들도 아프리카에 거주하다 그곳을 떠났다. 특히 스페인의 아타푸에르카Atapuerca 유적에는 그들이 잠시 체류했던 흔적이 남아있다. 이곳에서 43만 년 전에 살았던 유해 한 구가 발굴되어 DNA를 분석한 결과, 네안데르탈인의 조상일 것이라는 결과가 나왔다.

하지만 그 유골이 해부학적 관점에서 네안데르탈인의 모든 특징을 확실하게 갖추고 있지는 않았다. '확실하게'

네안데르탈인으로 분류되는 유골들은 스페인부터 중동을 지나 시베리아에 이르는 유라시아 전역의 유적지에서 발견됐는데, 시기는 12만 년 전부터 3만 5,000년 전 사이다. 네안데르탈인은 호모 사피엔스와 쉽게 구별된다. 네안데르탈인의 두개골은 럭비공처럼 길쭉하지만, 호모 사피엔스는 축구공처럼 둥그스름하다. 네안데르탈인은 눈 위로 두터운 살이 늘어져 있으며, 무엇보다 호모 사피엔스와 구분되는 주요 특징으로 턱이 없다(호모 사피엔스는 호모 속의 인류 중에서 유일하게 턱이 있다). 그간 발굴된 유골 30구 정도와 단독 발견된 수천 개의 뼈 또는 뼛조각들이 네안데르탈인의 혈통으로 분류돼 왔고, 수많은 학술 문헌을 풍부하게 해줬다. 그러나 아직 우리가 아는 정보는 네안데르탈인이 죽은 이를 매장하는 풍습이 있었고 장신구를 착용했으며 무리 지어 사냥을 했다는 것 정도에 불과하다. 아직 풀리지 않은 이들의 멸종 미스터리는 여전히 연구 대상이다.

우리와 가까운 두 번째 사촌은 데니소바인이다. 유적지에서 발굴된 데니소바인의 유해가 손에 꼽힐 만큼 적은 탓에, 이들은 수많은 의문의 중심에 서 있다. 데니소바인이 인류종으로 인정받은 것은 시베리아 동굴에서 발견된 손가락 마디의 뼛조각에서 추출한 DNA 덕분이었다. 데니소바인은 히말라야산맥에서 몽골에 이르는 아시아 지역에 주로 거주했지만, 남아시아까지 그 유전자가 퍼져나갔던 것으로 추정된다. 호모 사피엔스가 오스트레일리아를 향해 이주하는 길목에서 열대지방을 지나는 동안 데니소바인과 교배했다는 DNA 흔적이 발견됐기 때문이다. 유전적으로 네안데르탈인과 가까운 데니소바인은 네안데르탈인과 동시대에 살기도 했다. 그렇다면 멸종은 언제 어떻게 이뤄졌을까? 역시나 네안데르탈인의 경우와 마찬가지로, 정확히 알 수 없어 지금껏 미스터리로 남아있다.

또 다른 인류종도 있었을까? 앞서 말했듯, 같은 시기 인도네시아의 플로레스섬에는 호모 플로레시엔시스가 살았다. 이들의 신장은 1미터에서 1.1미터 사이로 무척 작아 '선사시대의 호빗'이라 불린다. 호모 플로레시엔시스가 존재했다는 증거는 약 15개체로 분류된 뼈 100점이다. 그중 유골 한 구는 거의 완전한 형태를 갖췄지만, 안타깝게도 DNA를 추출할 수는 없었다.

형태학적 분석에서 플로레스인은 네안데르탈인과 데니소바인보다 더 먼저 갈라진 나뭇가지로 구분된다. 즉, 플로레스인의 조상이 더 일찍 아프리카 대륙을 떠났다는 뜻이다. 그렇다면 플로레스인의 신장이 줄어든 이유는 뭘까? 섬에 고립된 생활을 이어갔기 때문이다. 외딴 지역에 터전을 잡은 동물들은 일상을 위협하는 포식자의 압박에서 비교적 자유로워지는 한편, 공간과 먹이가 한정되는 현상을 겪는다. 그 상태에서 이뤄지는 진화는 급격한 변화를 낳는다. 예컨대 인도네시아의 코모도왕도마뱀(몸길이 2~3미터)처럼 몸집이 거대해지거나, 시칠리아섬에 살았던 난쟁이코끼리 혹은 1만 년 전까지만 해도 지중해의 섬에 살았던 난쟁이하마처럼 몸집이 작아지는 식이다.

2020년, 새로운 인류종이 '호모속'이라는 폐쇄적인 클럽에 가입했다. 호모 루소넨시스다. 필리핀 북부에 위치한 루손섬에서 치아, 손뼈와 발뼈 몇 점이 발굴된 것이 계기였다. 적은 양이지만 이 유해들 덕분에 인류종으로 인정받을 수 있었다. 치아를 분석해봤을 때 신장은 120센티미터 이하로 아주 작았을 것으로 추정되지만, 아직은 단정할 수 없어 새로운 뼈를 더 찾아낼 필요가 있다. 플로레스인과 루손인의 해양 능력을 둘러싼 의문도 존재한다. 이들이 살았던 섬들은 걸어서는 절대 닿을 수 없는 곳이기 때문이다. 그들에게 놀라운 항해 기술이 존재했던 걸까? 임시방편으로 만든 뗏목을 타고 표류하기라도 했던 걸까?

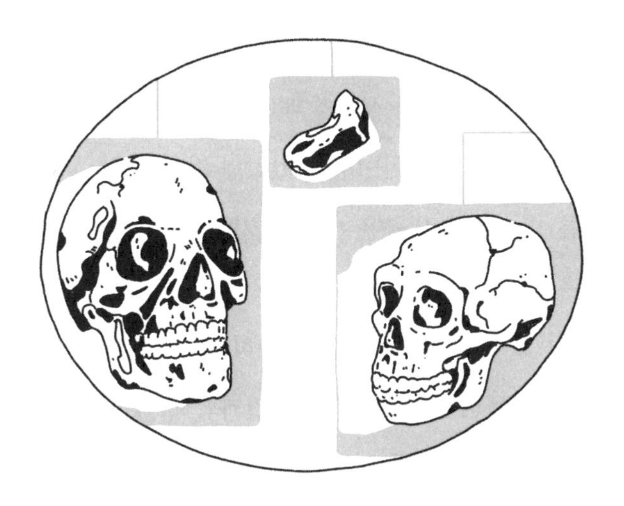

영장류 중에서도 인류는

지구에 사는 유일한 '인류' 종이다.

어느 것도 아직은 명확히 알 수 없다.

인류 혈통의 진화는 무성하고 어지럽게 진행돼 왔다. 이제는 사라진 종도 있고, 변이를 거쳐 새롭게 진화한 종도 있다. 우리의 사촌들이 몽땅 멸종한 이후, 현재 우리는 인류 역사를 통틀어 가장 고독하게 지내는 이례적인 종으로 살고 있다. 멸종된 사촌들과 우리 종 호모 사피엔스의 생존 능력에는 어떤 차이점이 있었던 걸까?

다른 인류종의 멸종은 여전히 가장 큰 미스터리다. 네안데르탈인과 데니소바인의 경우, 호모 사피엔스가 이들을 만나 교배했다는 사실이 명확히 밝혀져 있다. 흥미로운 점은 이들의 DNA를 분석한 결과인데, 호모 사피엔스를 만나기 전부터 네안데르탈인과 데니소바인의 인구는 감소세에 접어들고 있었다. 유사한 생태계에서 살았던 두 인류종은 두수를 늘리는 일에 성공한 호모 사피엔스에게 자리를 빼앗긴 셈이다. 플로레스인와 루손인의 경우는 더 아리송하다. 그들이 우리 종 호모 사피엔스를 만난 적이 있는지조차 알 수 없기 때문이다. 다만 이러한 번성과 멸종들이 의미하는 바는 명확하다. 모든 인류는 소멸하거나 진화해간다. 어떤 종도 영원불변할 수는 없다.

선사시대 여자들

과거의 선사학자들은 예술가나 전사 같은 역할을 남성 조상의 전유물처럼 분류했고, 여성 조상에게는 주로 가정을 돌보는 역할을 부여해왔다. 그러나 오늘날의 여성 연구가들은 이처럼 판에 박힌 여성의 역할을 무너트리며 매머드가 살던 시절부터 최초의 농경시대까지, 성性에 대한 다른 관점을 제시하고 있다.

간단한 게임을 해보자. 눈을 감고 라스코동굴의 벽에 들소들을 그렸던 과거의 인류를 상상하는 것이다. 단언컨대 10명 중 9명이 동굴 벽에 그림을 그리는 남성 인류의 모습을 떠올릴 것이다. 정작 라스코동굴의 예술가들이 남성이었다는 명확한 증거는 하나도 없는데 말이다. 만약 내가 여러분에게 빙하기의 수렵채집인을 묘사해달라고 요청하면, 여러분은 아주 자연스레 얼굴에 수염이 덥수룩한 인류를 상상할 것이다. 이처럼 선사시대를 바라보는 우리의 관점에는 남성 중심적인 시각이 다소간 묻어있다. 이제 반대로 생각해보자. 선사시대의 여성에 대해 우리가 알 수 있는 사실들은 뭘까?

많은 학자들, 정확히 말하면 많은 여성 학자들이 선사시대 여성의 모습을 연구해냈다. 클로딘 코엔Claudine Cohen과 마릴렌 파투-마티스Marylène Patou-Mathis 등의 여성 학자들은 19세기와 20세기의 가부장적 사회가 선사시대 속 여성의 위치를 어떤 방식으로 결정했는지를 낱낱이 분석하기도 했다. 과거의 선사학자(모두 남성이었다!)들은 선사시대 여성들을 동굴 안 모닥불 근처에 둘러앉아 아이들을 돌보는 연약한 존재로 가정했던 반면, 남성들은 매머드를 사냥하러 떠났다가 명예롭게 돌아와 포획물을 나눠주는 강인한 모습으로 표현했다. 그러나 새로운 사실들이 여럿 밝혀지면서 기존의 성 고정관념이 흔들리기 시작했다.

우선, 손을 대고 그 위에 염료를 뿌리는 방식으로 그려진 손바닥 그림이 가득한 동굴에서 해당 손바닥의 크기를 정확히 측정했더니, 작은 크기의 지문들도 수두룩했다. 결국 여성들도 그림을 그리러 동굴에 갔을 가능성을 배제할 수 없다. 흔히들 허약하다고 말하는 여성의 역할도 최근 유전학자들에 의해 재검토됐다. DNA 분석으로 여러 무덤에서 발굴된 유골들의 성별을 확인하는 일이 가능해진 것이다. 보존 상태가 좋지 않아 자세한 연구가 어려웠던 골반(단단한 골반은 해당 유골이 여성임을 확인하는 대표적인 기준이다)들도 DNA 분석을 거친다면 해독해낼 수 있다.

이와 같은 방법으로 발굴 후 몇 년 만에 다시 분석된 유골들은 '진짜 자신'이 누구인지를 말해주기 시작했다. 예컨대 한때 '망통의 남성Homme de Menton'이라 불렸던 선사시대의 유골은 '카비용의 여인Dame de Cavillon'으로 재차 명명됐다. 뿐만 아니다. 바이킹의 전사로 알려진 왕자가 실은 여성이었다는 사실도 드러났다. 그녀는 힘이 셌고 다양한 무기를 다룰 줄도 알았다고 한다. 다른 지역, 다른 시대로도 가보자. 2021년에 발표된 연구 결과에 따르면, 8,000년 전 아메리카 대륙에서 활동하던 '남성 사냥꾼' 무리의 30~40% 정도가 사실은 여성이었다고 한다.

신석기시대의 풍습에 관한 연구도 기존의 선입견을 부수는 데 일조했다. 해당 연구의 목적은 같은 마을에서 살았던 사람들의 유전자 데이터에 동위원소 분석으로 도출해낸 결과를 더해, 과거의 사회구조를 재구성해보는 것이었다. 우리 조상들의 족외혼, 더 정확히는 부거제(여성이 혼인과 동시에 남편이 사는 마을로 이주해 생활하는 풍습)가 언제부터 시작됐는지를 알아낼 생각이었다. 연구 결과 부거제는 신석기시대에 시작됐던 것으로 보이며 5,000여 년 전 청동기시대에 가장 번성했다. 독일 남부의 레히 Lech강 협곡에서 발굴된 유해에서 DNA를 추출해 분석한 결과, 호화스러운 무덤에 매장된 남성들은 그곳에서 나고 자란 부계친족 관계였으며 여성들은 타지에서 이주해 온 이들이었다.

성 불평등의 시초라고 봐야 할까? 꼭 그렇지는 않다. 여성들의 무덤 속에도 남성들만큼이나 많은 금은보화가 들어있었기 때문이다. 유해와 함께 매장되는 재물이 죽은 이의 지위를 반영한다고 가정하면, 부거제와 성 불평등을 명확히 연결 짓기는 어려워 보인다. 남성이 아내의 마을로 이주해오는 모거제 풍습의 경우에도 마찬가지다. 여성이 이동하지 않는다는 이유만으로 특혜를 누리는 지위에 있었다고 단정하기는 힘들다. 요컨대, 성별에 따른 특징이 존재하는 것은 사실이지만 족외혼과 성 불평등 간의 연관성은 생각보다 분명하지 않다.

이렇듯 남성에게 유리한 쪽으로 기울어지지 않은 관점에서 과거를 다시 살펴보는 일에는 세심한 주의가 필요하다. 정반대의 극단으로 달려가, 여성들이 모든 권력을 잡았던 시대를 추구하는 일도 마찬가지로 위험할 수 있기 때문이다. 가장 좋은 태도는 우리의 환상이나 통념을 과거에 투영하지 않고 가능한 한 과학적인 방법을 사용해 분석하는 것이다.

우리는 협력하는 원숭이들

지구상의 어느 종도 인류처럼 같은 목표를 바라보며 협력하지 않는다. 협동성은 어떻게 인류의 진화 과정에 움트고, 우리의 이기적인 성향과 조화될 수 있었을까?

시베리아에서도 가장 깊숙한 곳, 우리가 타고 있던 러시아식 미니버스가 강 속에서 옴짝달싹 못 하고 있었다. 급류에 휩쓸린 탓이었다. 다행히 우리는 익사하기 직전에 간신히 몸만 빠져나와 피난처를 찾을 수 있었다. 얼음장 같은 물속에서 한참을 버틴 터라 몸을 녹이기 위해 모닥불을 피우기 시작했는데, 어디선가 말을 탄 유목민 무리가 따뜻한 밀크티를 들고서 나타났다. 우연한 만남이었는데도 금세 상황을 파악한 그들 중 하나가 몇 시간 거리에 있는 가장 가까운 마을로 급히 떠났다. 저녁이 지날 무렵 그는 트랙터를 끌고서 마을 사람들과 함께 돌아와 우리를 안전하고 따뜻한 곳으로 데려다줬다. 그들은 어째서 우리를 도와줬을까? 선행에 대한 사례비도 전혀 받지 않고서 말이다. 그런 행동을 하게끔 이끈 것은 무엇이었을까?

또 한번은 유럽 사람들이 피그미족이라 부르는 여러 부족 가운데서도 굉장한 음악가로 알려진 바카Baka족이 사는 마을에 방문한 적도 있었다. 우리는 낮 동안 마을에 머무르며 그들의 청력을 측정했다. 그런데 이웃 마을의 농부 한 명이 끈질기게 돈을 요구하며 우리를 괴롭히기 시작했다. 마약에 취한 그의 행동이 점점 과격해졌을 때, 바카족 사람들은 어떤 말도 없이 곧바로 그를 향해 소리를 점점 크게 내며 야유를 보냈다. 갈수록 거대하고 집요해지는 멜로디로, 우리를 공격하던 농부를 쫓아낸 것이다.

이기심과 폭력으로 가득한 나쁜 소식들이 덤프트럭처럼 몰아치며 세상을 뒤흔들 때면, 우리는 앞서 보여준 일화들처럼 인류가 놀라울 정도의 협동성을 가졌다는 사실을 잊어버리게 된다. 실험자가 숨긴 식량을 동물 두 마리가 함께 찾는 등, 공동 목표를 두고 협력하는 모습이 자주 관찰되긴 하지만 인류가 움직이는 거대한 협력망은 다른 종과는 명확히 구분되는 특징이다.

세금 징수와 백신 접종 문화 그리고 교육은 인류의 집단적인 노력을 잘 보여주는 예시다. 인류 역사의 풍습에서 이와 같은 상부상조는 꾸준히 관찰돼 왔다. 예컨대 어느 고고학 유적지에서는 엄청난 양의 동물 뼈들이 발견됐는데, 조사 결과 그곳은 집단 사냥으로 얻은 고깃덩어리를 수백 명이 모여 함께 자르던 곳이었다.

인류의 공동 행동은 수십 년 전부터 연구 대상이었다. 인류가 보여주는 이타주의가 진화론의 주요한 장애물이기 때문이다. 우리의 생존을 도운 자연선택은 '가장 강한 것만이 살아남는다'라는 말을 남기지 않았던가? 허나 정글의 법칙과도 같은 자연선택은 즉각적이고 이기적인 행동만을 독려할 뿐, 자신의 자식이 아닌 아이들을 열심히 가르치거나 세금을 꼬박꼬박 납부하는 행동을 결코 권하지 않는다. 경제학적인 관점에서도 마찬가지다. 오랫동안 인류는 물욕에 이끌려 다니는 존재로서 자신의 이익을 위해서만 재화를 지불하는 존재로 여겨졌다. 그러나 이러한 논리는 인류의 사심 없는 선행들과 모순되곤 한다. 다윈조차도 인류가 보여주는 '동족을 향한 본능적인 공감'을 언급한 바 있다.

과학은 이 역설을 어떻게 해결했을까? 본격적인 설명에 앞서, 먼저 친족 선택의 개념부터 살펴봐야 한다. 기본적으로 진화의 원리는 '특정한 행동'을 한 사람이 자신의 유전자를 더 잘 전파했을 때, 그 행동이 '선택'됐다고 여기는 것이다. 아울러 친족선택에서는 '나'뿐만 아니라 '나'와 친척 관계에 놓인 이들의 유전자까지 함께 주목한다. 즉 친척들은 나의 DNA와 아주 유사한 DNA를 가졌기 때문에 희생을 감수하고 이들을 돕는 것은 결국 '나'의 유전자에게도 이득이 된다는 것이다. 예컨대 우리가 형제자매 혹은 사촌을 위해 공짜로 봉사했다면 이는 우리 자신에게도 좋은 일이 된다. 이러한 추론 방식은 지구 생명의 역사 속에서 어떻게 개체 간의 협력이 움틀 수 있었는지를 설명한다. 개미 등의 사회성 곤충들이 협력하는 이유도 여기에 있다.

하지만 이는 그저 형식적인 설명에 지나지 않는다. 실제로 우리의 이타심은 일면식이 없는 이들과도 협력하게 만들기 때문이다. 분명 다른 요소가 작용했을 것이다. '언젠가 네가 날 도와줄 일이 생길 테니까, 나도 지금 널 도울게'라는 식의 약속으로 인류의 어느 무리에서 사회성이 싹텄을 가능성도 있다. 또는 '내가 협력할수록 내 평판은 더 좋아지고, 그러면 다른 사람들도 내가 도움이 필요할 때 협력해줄 것이다'라는 논리적 계산이 만든 결과일지 모른다.

'가는 게 있으면 오는 게 있다'라는 원리는 큰 규모의 집단에서도 원활히 작동하는데, 사실 여기에는 한 가지 조건이 존재한다. 바로 사기꾼을 감시해야 한다는 것이다. 협동 사회에 숨어들기 마련인 사기꾼은 직접 위험을 무릅쓰지 않고 타인의 도움을 이용할 기회만을 노리기 때문에 문제가 된다. 자신의 이득만을 좇는 이러한 태도를 용인한다면, 결국 다른 구성원들도 이기적인 행동을 모방하기 시작할 것이다. 유일한 해결책은 협력을 확대시키는 동시에 여러 장치를 마련해 사기꾼의 부정행위를 막는 것이다. 이와 같은 맥락에서 '배제'하는 문화가 탄생했고, 경찰과 법원 등의 기관이 사기꾼을 사회로부터 격리하기 시작했다. 이기적인 행동으로부터 인류를 보호하기 위해 자연선택은 우리에게 불공정에 민감하게 반응하는 능력, 즉 사기꾼을 잡아내는 능력을 부여했다.

지금까지 언급한 세 가지 요소(보상을 주고받는 상호성, 평판 관리, 악용 통제)는 우리 사회의 근간을 이루는 기둥이기도 하다. 이 요소들이 없었다면 인류는 메소포타미아 문명이 일궈낸 최초의 도시 바빌론Babylon이나 우르Ur에서조차 살아남을 수 없었을 것이며, 지구를 정복하지도 못했을 것이다. 어쩌면 아프리카의 드넓은 사바나 초원 지대에서 멸종한 영장류 부족으로 남았을지도 모른다. 협력은 농업 혹은 시멘트만큼이나 혁신적인 발명이었다.

| 2부 |

정복과 문화의 유전자

증거는 고구마에 있다

고고학적 증거들을 통해 우리는 아프리카를 떠난 우리의 조상이 동아시아를 지나 아메리카까지 이주해갔다는 사실을 밝혀냈다. 하지만 풀리지 않은 수수께끼들은 여전히 남아있다. 아메리카 대륙을 밟은 최초의 인류는 누구일까? 폴리네시아에서 온 항해자들이 아메리카 대륙과 밀접한 관계가 있다는 이야기는 사실일까?

몇 해 전, 나는 시베리아 남부 알타이산맥의 산악 지역으로 파견 근무를 나갔다. 유전자 분석에 사용될 혈액 시료를 채취하려면 마을 주민들의 동의가 있어야 했고, 그를 위해서는 지역 당국의 지원이 필요했다. 나는 지역의 고위 공직자를 만나기 위해 엄격한 소비에트 스타일로 꾸

며진 사무실에 들어섰다. 그리고 설명했다. "저는 제가 주도한 연구를 통해 시베리아인들이 아메리카 대륙을 정복했다는 사실을 증명해낸 적이 있습니다." 이 한마디로 나는 그의 지지를 얻었다. 자신의 조상들이 아메리카 대륙에 발을 디딘 최초의 인류라는 사실을 알게 된 러시아인 공직자가 자부심에 젖은 모습을, 여러분도 쉽게 상상해볼 수 있을 것이다. 그는 가느다란 눈에 짙은 피부를 가지고 있었다. 어쩌면 그는 태평양 북쪽에서 반대편 연안으로 건너갔던 아메리카 원주민과 자신 사이의 공통점을 가만히 생각해봤을지도 모른다.

마지막 빙하기 때 물이 빠진 베링해협을 지나 전진하던 우리 인류가 마침내 아메리카 대륙에 닿았다는 사실은 이미 널리 알려져 있다. 아메리카 대륙은 약 7만 년 전 아프리카를 떠난 뒤 오스트레일리아, 유럽, 아시아까지 정복한 인류가 마지막으로 도착한 땅이다. 이는 유전학자들이 관련 연구를 진행하고 유전학의 입장에서 의문을 제기하기도 전에 보편적인 시나리오로 굳어져 버린 통설이다.

DNA 연구가 밝혀낸 흥미로운 사실 중 하나는 북극지방의 원주민을 제외한 대부분의 아메리카 원주민이 베링해협을 따라 내려온 이주민들의 후손이라는 것이다. 여기에는 티에라델푸에고Tierra del Fueg섬의 주민들도 포함된다. 티에라델푸에고섬은 남아메리카의 끝자락에 있는 거대한 섬이다. 섬의 서쪽은 칠레, 동쪽은 아르헨티나의 영토인데 특히 스포츠 낚시와 섬 최남단의 도시 우수아이아Ushuaia가 유명하다. 사실 이곳의 원주민들은 그들의 사촌 격인 중앙아메리카 및 북아메리카 원주민들과는 확연하게 다른 생김새를 가졌다. 1520년에 이 섬과 원주민들의 존재를 처음 확인한 유럽인들이 그린 그림에는 북극곰처럼 건장한 외모의 티에라델푸에고 원주민들이 등장한다. 그들은 평균 기온 5도의 날씨에도 얇은 가죽옷만을 걸친 채 차가운 물속에서 무호흡으로 수영하며 물고기를 잡았다.

티에라델푸에고 원주민들의 외모가 아메리카 대륙의 다른 원주민들과는 아주 달랐기 때문에, DNA 분석이 본격적으로 이뤄지기 전의 사람들은 그들이 대부분의 '아메리카인'과는 다른 뿌리를 가진 집단일 거라고 확신했다. 하지만 DNA 분석 결과는 달랐다. 티에라델푸에고섬의 원주민들은 같은 대륙의 다른 원주민들과 동일한 조상을 가지고 있었다. 그들의 건장한 외모와 추위에 강한 체력은 주변 환경에 적응한 결과였고, 동시에 진화가 아주 빠르게 진행됐다는 증거였다.

유전학자들에게 수수께끼로 남은 문제는 따로 있다. 지금까지 진행된 유전자 연구에 따르면 아메리카 대륙의 최초 점령은 약 1만 5,000~2만 년 전에 이뤄진 것으로 보이는데, 일부 고고학적 유적지는 이보다 더 이전의 시기를 가리키기 때문이다. 예컨대 브라질에서는 무려 4만 6,000년 전의 고고학 유물이 발굴됐다. 기존의 인류 유전자 연대기에 커다란 격차가 생기는 셈이다. 4만 6,000년 전의 진짜 개척자들은 어디에서 온 걸까? 그들의 정체는 무엇이었을까? 안타깝게도 유적지와 일치하는 시기의 유골은 아직 한 구도 발견되지 않았다. 하지만 그 개척자들이 아메리카 대륙에서 후손을 남기는 일에 실패했거나, 잠시 체류했다가 다른 곳으로 떠났으리라는 사실만은 명확해 보인다.

마지막으로는 아메리카 대륙과 DNA에 얽힌 최근의 논쟁거리를 소개하려 한다. 베링해협을 통해 아메리카 대륙이 정복된 직후, 또 다른 인류 집단이 아메리카를 방문했을 가능성에 관한 내용이다. 베링해협을 건너온 인류 집단과는 별개로, 오세아니아에서 아메리카 대륙으로 진출해온 항해자들이 존재했다는 가설이 몇 해 전부터 큰 주목을 받으며 폴리네시아 군도와 아메리카 대륙의 관계를

유럽인들이 폴리네시아를 방문하며
자국의 식물 품종들을 가져가 전파하기도 전에
폴리네시아인들은 이미 고구마를 먹고 있었다.

둘러싼 연구들이 다시금 활기를 띠는 중이다. 실제로 폴리네시아인 일부의 DNA에서는 남아메리카 콜롬비아 지역의 원주민들과 동일한 유전체 조각이 발견됐다. 폴리네시아와 아메리카 간의 연결고리는 이미 '야채'를 통해 밝혀지기도 했다. 중앙아메리카의 고유 품종인 고구마가 폴리네시아의 동쪽 지역에서 재배되고 있었던 것이다. 유럽인들이 폴리네시아를 방문하며 자국의 식물 품종들을 가져가 전파하기도 전에 폴리네시아인들은 이미 고구마를 먹고 있었다. 고구마야말로 폴리네시아인들과 아메리카 원주민들 간의 만남을 암시하는 증거다.

실제로 유전학자들은 일부 폴리네시아인의 DNA에서 아메리카 원주민들과 교류했던 흔적을 찾아냈다. 유럽으로부터 식민 지배를 당하기 수 세기 전에, 이미 아메리카 대륙에서 폴리네시아로 향하는 수천 킬로미터 거리의 태평양을 돌아다닌 인류가 있었다는 뜻이다. 이제 이 장거리 항해의 진실을 밝혀줄 물질적인 증거와 아메리카 대륙 어딘가에도 존재할지 모르는 유전자의 흔적을 발굴하는 일만이 남았다.

지구 정복을 위한 돌연변이 탄생

다른 모든 유인원과 마찬가지로, 처음에는 호모 사피엔스도 열대지방에서 살았다. 우리 종은 어떻게 일조량이 부족한 환경에 자신의 유전체를 적응시키고 고위도지방까지 점령해갈 수 있었을까?

모든 동물을 저울 위에 올린다고 생각해보자. 과연 어떤 종種이 가장 무거울까? 다시 말해, 지구상에서 가장 많은 무게를 차지하는 종은 뭘까? 2018년에 발표된 연구에 따르면, 곤충과 갑각류가 총 무게 1.2Gt(기가톤, 1기가톤은 10억 톤)으로 1위를 차지했다. 어류가 2위(0.7Gt)를 기록했으며, 소, 양, 돼지 등을 포괄하는 가축 동물(0.1Gt) 등이 그 뒤를 이었다. 인류의 경우는 그보다도 가볍다. 우리의 총 무게는 겨우 0.06Gt에 불과하다. 그나마 위안이 되는 사실은 선형동물보다는 조금 더 무겁다는 것이다. 무게 경쟁에서는 두각을 드러내지 못했지만, 사실 인류야말로 지구에 가장 위협적인 침입종이다. 21세기의 인류는 적도부터 북극과 남극에 이르기까지 지구 전체를 점령하고 있다.

주변 환경 적응에 통달한 모기와 쥐들도 언제나 높은 적응력을 보여주지는 않는다. 그런데 인류는 어떤 묘약을 마셨길래 가장 건조한 기후부터 가장 혹독한 기후까지 모든 기후에 이렇게 잘 스며들 수 있었을까? 처음에 우리는 다른 모든 유인원처럼 열대지방에 사는 동물이었는데 말이다. 지금의 우리가 지구 곳곳에서 생존할 수 있게 된 비결은 뭘까?

인류 진화의 대부분은 아프리카 대륙에서 일어났다. 그리고 약 7만 년 전 우리 인류는 아프리카 대륙을 떠났다. 우리 조상들이 제일 먼저 점령한 지역은 중동이나 남아시아, 오스트레일리아처럼 비교적 따뜻한 곳이었다. 인류가 추운 지방을 점령한 것은 불과 4만 년 전경의 일이며, 그 중에서도 북아시아에는 3만 년 전경에 도착했다. 우리의 선구자들은 어떻게 기온이 낮은 지역에 적응해갈 수 있었을까? 물론 옷이나 불의 도움도 받았겠지만, 당시의 고위도지방에서는 어떤 도움으로도 해결할 수 없는 결정적인 문제가 하나 있었다. 바로 일조량이 부족하다는 것이었다.

앞서 강조했듯 햇빛과 자외선은 우리의 건강에 필수적인 요소다. 피부 세포는 자외선을 이용해 비타민 D를 생성하는데, 자외선 결핍으로 비타민 D가 부족해질 경우 성장 장애가 일어나고 면역력까지 낮아진다. 인류는 이 문제를 어떻게 극복했을까? 사실 연구자들은 꽤 오랫동안 피부색에 관한 이론을 지지해왔다. 피부색이 밝을수록 비타민 D를 흡수하기가 용이해지므로, 자연선택이 밝은 피부를 만들어냈다는 이론이었다. 실제로 밝은 피부색은 비타민 D의 흡수에 도움을 주기도 한다. 그러나 유전자 분석을 거친 결과, 이와 같은 피부색의 적응은 아주 느리게 진행된 데다 최근에야 일어난 일이라는 사실이 밝혀졌다. 결국 밝은 피부색만으로 인류의 북극 점령을 설명하기는 충분치 않다.

북극지방에서 살아남기 위해 우리 조상들은 진화의 도움을 받았다. 돌연변이(다양한 이유로 DNA에 변이가 일어나 원본과 달라지는 현상)의 등장이 그것이다. 지방질의 고기를 다량으로 섭취할 수 있도록 도와주는 돌연변이가 나타나면서, 비타민 D가 풍부한 해양 포유류와 선사시대 물고기 등을 섭취하여 생존할 수 있었던 것이다. 이 과정에서 짐승을 사냥하고 물고기를 잡기 위한 도구들도 함께 개발됐다.

돌연변이의 정체는 뭘까? 지방질이 많은 식량은 동맥을 막아버리고 심장 및 혈관 질환을 일으키기 마련인데, 인류는 어떻게 무사할 수 있었을까? 답은 FADS 유전자에 있다. FADS 유전자의 돌연변이가 지방의 소화를 촉진시키는 '지방산 불포화 효소'를 생성하면서 지방질에 의한 질환과 죽음을 막아준 것이다.

하지만 이러한 효소도 모든 의문을 해결하지는 못했다. 어린이와 성인은 지방질을 섭취하며 살아남는 것이 가능하다 해도, 아직 젖먹이인 아기들은 고기를 씹을 수조차 없기 때문이다. 곧 연구자들은 EDAR 유전자의 돌연변이에 주목했다. EDAR 유전자에 우연히 깃든 돌연변이가 젖샘관의 수를 눈에 띄게 증가시켰다는 새로운 답을 도출해낸 것이다. 이 돌연변이 덕에 젖먹이들은 모유를 통해 어머니가 흡수했던 비타민 D를 배불리 공급받을 수 있었다. 이로써 비타민 D의 결핍에 얽힌 문제가 전부 해결된 셈이다.

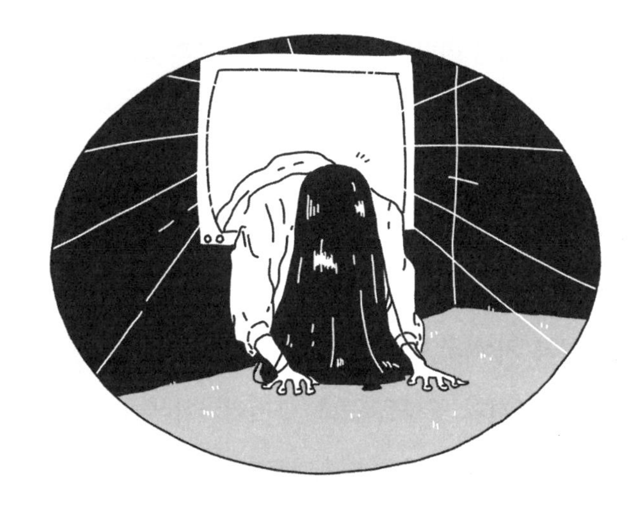

혹독한 환경에 적응하는 데
도움을 줬던 EDAR 돌연변이는
결국 인류의 머리카락 굵기까지
결정하게 됐다.

북극지방을 정복한 인류가 다음으로 향한 곳은 어디였을까? 시베리아에 도착한 인류는 약 1만 5,000년 전부터 아메리카 대륙 전체를 점령해가기 시작했다. 그렇기에 열대지방에 사는 원주민들을 비롯한 모든 아메리카 대륙의 원주민들에게서 지방의 소화를 돕는 FADS 유전자의 돌연변이와 EDAR 유전자의 돌연변이가 높은 빈도로 발견되는 것이다.

이러한 돌연변이들은 아메리카 원주민들의 신체적 특징에도 관여했다. EDAR 유전자의 돌연변이는 젖샘관뿐만 아니라 치아의 형태(삽처럼 생긴 평평한 앞니)와 머리카락의 굵기에까지 영향을 준다. 아메리카와 북아시아 민족 특유의 굵은 머리카락을 떠올려보면 이해가 쉽다. 혹독한 환경에 적응하는 데 도움을 줬던 EDAR 돌연변이가 결국 인류의 머리카락 굵기까지 결정하게 된 것이다.

일본의 공포영화 〈링〉 시리즈에는 커튼처럼 굵고 풍성한 머리카락 뒤로 얼굴을 가린 채 공포감을 주는 원혼이 등장한다. 이 영화의 성공 비결에는 자외선 결핍이라는 유전학적 비밀이 숨어있다.

쌀밥은 중동에서 왔다

농경의 발명은 인류 역사에서 가장 중요한 이정표 중 하나다. 이는 우리의 DNA에도 새겨진 혁명이다.

노르웨이의 얼음 덮인 산속에 있는 스발바르 국제종자저장고는 영화 〈제임스 본드〉 시리즈에 등장하는 악당의 비밀 기지까지는 아니더라도 제2차 세계대전의 벙커와 살짝 닮은 느낌이다. 우두커니 놓인 암석 안으로 들어가 긴 터널 끝에 도착하면 거대한 창고가 나타나는데, 거기엔 전 세계에서 온 종자들이 가지런히 진열돼 있다. 지구상에서 어떤 품종이 멸종하는 날이 온다면 저장고 속의 종자들은 해당 종을 보존해나가는 데 요긴하게 사용될 것이다. 사실 일부 종種은 이미 쇠퇴하기 시작했는데, 특히 인류가 식량으로 삼는 종이 그렇다. 인류의 쇠퇴와 호사가 한꺼번에 구현된 장소인 국제종자저장고는 인류의 역사가 농경의 역사와 얼마나 밀접하게 연결돼 있는지를 새삼스레 깨닫게 해준다. 농경의 역사는 심지어 우리의 유전자에도 새겨져 있다.

인류는 언제부터 농사를 짓기 시작했을까? 질문에 답하기 위해서는 약 1만 년 전으로 거슬러 올라가야 한다. 농사는 인류의 운명 그리고 인류와 자연 간 관계의 운명에서 무엇보다 중요한 변화였다. 이 전환기를 신석기 혁명이라 부른다. 그전까지 인류는 주로 수렵과 채집에 의존해 식량을 마련했다. 그러나 우리의 조상들이 농경과 목축을 발명하면서, 자연이 건네는 후한 인심에 기대는 생활은 자연히 축소됐다. 인류는 씨앗을 뿌리고 기른 뒤 유용한 식물을 골라냈고, 그중 일부를 개량해갔다. 고기, 우유, 양모 등을 얻기 위해 동물들을 길들이기도 했다. 인류가 지구에 영향을 끼치기 시작한 것이 바로 이때부터다.

어느 지역이 이 격변의 시기를 겪었을까? 사실은 지구상의 여러 지역, 여러 민족이 거의 동시에 신석기 혁명의 변화를 맞이하고 적응해갔다. 사람들은 자신이 사는 지역에서 자라는 자원을 적극적으로 활용했다. 이를테면 중국 지역에서는 조와 벼를 길렀고, 아메리카 대륙에서는 옥수수와 감자를 재배하기 시작했다. 파푸아뉴기니에서는 토란, 아프리카 대륙에서는 수수, 중동의 '비옥한 초승달' 지대에서는 밀과 보리를 길렀다. 놀라운 사실은 이 모든 농경이 저마다 독립적으로 탄생했다는 것이다.

신석기 혁명은 인류와 자연 간의 관계뿐 아니라 인류의 개체 수에도 큰 변화를 불러왔다. 실제로 인구수가 급격히 늘어난 것도 이 시기부터였다. 현재로서는 그때 지구에 살았던 인류의 숫자를 정확히 추산하기 힘들지만, 해당 연대의 고고학적 유적지 발굴이 자주 이뤄지는 상황으로 미뤄볼 때 당시 거주지의 밀집도가 상당히 높았으리라 생각된다. 지구 전체의 인구가 백만 명 이하에서 수백만 명, 아니 수천만 명까지 급증했을 것이다.

또 다른 변화는 이 기간에 정착 생활을 하는 이들이 점차 늘어났다는 것이다. 마을이 생겼고, 얼마 가지 않아 도시도 등장했다. 이러한 인구 밀집 현상은 최초의 전염병이 발생하기에 최적의 조건이었다. 농경의 시작이 황금기일 것이라는 생각은 틀렸을지도 모른다. 인류의 삶은 더 편안해지지도 쾌적해지지도 않았을뿐더러 오히려 그 반대였다. 가령 농경 사회 이전, 수렵채집인들은 식량을 찾는 일에 하루 중 두세 시간만을 할애하면 됐다. 나머지 시간은 각자 취미 생활을 하며 보낼 수 있었다.

발굴 작업이 이뤄진 고고학적 유적지 일부를 살펴보면, 신석기시대에 살았던 인류의 건강은 상당히 망가진 상태였다. 예컨대 키가 작아졌고, 치아 상태가 부실해진 흔적도 발견됐으며, 영양 섭취가 좋지 못하면 새로운 감염이 발생한다는 것을 알려주는 증거들도 있었다. 이처럼 어두운 결과를 마주하자면 자연히 의문이 생긴다. 농경 생활로 인해 이렇게나 많은 불행을 얻었음에도 불구하고, 어째서 인류는 모든 단점을 포용하며 계속 농경 생활을 하는 종種으로 남았을까? 답은 인구 변화와 관련돼 있다. 당시 농경인의 수는 수렵채집인의 수를 아주 단기간에 추월했을 것으로 예상된다. 이에 관해 어느 이론은 정착 생활로 인해 출생 간격이 좁아졌을 것이고, 출생률의 증가가 건강 악화라는 단점을 상쇄했을 것이라는 가설을 제시했다. 대식구가 모여 사는 마을에서 농사를 지으며 살기 시작한 인류의 입장을 상상해보자. 좁아진 활동 반경으로 더 많은 사람에게 식량을 분배할 수 있게 된 신석기인들이 과거의 수렵채집 생활로 회귀하는 일은 불가능했을 것이다.

'농경은 어떻게 지구를 점령했을까?'라는 주제는 신석기시대를 연구하는 전문가들 사이에서 오랜 논쟁거리로 남았다. 농경인들이 수렵채집인들을 대체했던 걸까, 아니면 단순히 수렵채집인들이 식량 획득 방식을 농경으로 바꾼 것뿐일까? 이는 결국 인구 교체인가 기술 변화인가에 관한 의문이었다. 먼 옛날의 인류 집단에서 추출한 DNA를 분석한 결과, 다행히 유럽 내의 상황만큼은 짐작해볼 수 있었다.

유럽의 농경 문화는 자체적으로 발명된 것이 아니었다. 중동(더 정확하게는 오늘날 튀르키예 남부에 해당하는 아나톨리아 Anatolia 반도)에서 발생한 농경이 9,000년 전 유럽으로 유입됐고, 프랑스에는 8,000년 전, 영국과 발트 3국에는 약 6,000년 전 전파됐다. 농경 문화는 두 길로 나뉘어 유럽까지 도착했는데, 하나는 지중해의 북쪽 연안을 통한 유입이었고 다른 하나는 도나우강을 따라 북쪽에서 내려온 유입이었다. 유전학자들은 농경 도착 이전과 이후의 유럽 지역 DNA를 비교했고, 인구의 뚜렷한 변화를 확인할 수 있었다. 연구 결과, 농경인으로 구성된 유입 부족들은 단단한 곡괭이와 농업의 노하우를 양손에 쥔 채 이리저리 여행을 다니며 유럽 현지의 수렵채집인들을 대체해갔다.

그렇다면 수렵채집인들은 완전히 사라졌을까? 그렇지는 않다. 해당 시기를 살았던 유골들에서 추출해낸 DNA는 수렵채집인들이 중동에서 온 농경인들과 차츰 섞이며 농경인으로 변해갔음을 알려준다. 유럽인의 DNA에는 네안데르탈인 염기 서열의 2%, 구석기시대 수렵채집인의 염기 서열의 8%, 신석기시대의 특징을 가진 비옥한 초승달 지대 출신 농경인의 염기 서열의 약 60%, 잘 알려지지 않은 민족인 흑해 북쪽의 스텝steppe 지역에서 이주해온 얌나야족 염기 서열의 약 30%가 포함돼 있다(103쪽 참고). 결국 유럽인은 라스코동굴에서 그림을 그렸던 수렵채집인의 후손인 동시에 중동에서 건너온 '농경목축인'의 후손인 셈이다. 뒤늦게 도착한 다른 민족들에 대해서는 뒤의 장에서 천천히 살펴보도록 하자.

농경 생활로 인해 이렇게나 많은 불행을 얻었음에도
불구하고, 어째서 인류는 모든 단점을 포용하며
계속 농경 생활을 하는 종種으로 남았을까?

지구의 마지막 수렵채집인

지구상의 마지막 대규모 수렵채집인 집단인 피그미족은 농경과 목축의 발생 이전에 우리 조상들이 어떻게 생활했는지를 알려줄뿐더러, 자신들이 가진 남다른 현대성까지 보여준다.

'피그미족'이라 불리는 사람들은 내게 소중한 민족이다. 나는 유전학적 관점으로 이들을 연구하기 위해 현장 파견 근무를 여러 차례 떠났다. 피그미족은 중앙아프리카에 살고 있으며, 얼마 전까지만 해도 생계를 잇기 위한 방법으로 수렵과 채집에 의존했었다. 현재로서는 이들처럼 수렵과 채집으로만 생활하며 지내는 민족은 드물다. 앞서 말했듯 약 1만 년 전 우리의 조상들이 농경과 목축을 발명해냈기 때문이다. 인류 역사에서 가장 중요한 혁신 중 하나인 농경과 목축은 전 세계 곳곳에서 발생했고, 새로운 생활 방식 덕분에 목축인과 농경인의 인구는 거침없이 증가했다. 거의 모든 수렵채집인이 목축인과 농경인으로 대체됐다. 농경인들은 수렵채집인들과 유전적으로 섞이거나 수렵채집인들에게 농경을 전파하는 식으로 인구를 늘려 나갔다.

지구에는 이제 농경과 목축의 생활 방식으로 전환하지 않은 사람이 거의 없어졌다. 수십만 명쯤 되는 피그미족 사람들은 지구상에 남아있는 가장 대규모의 수렵채집인 집단이다. 이들은 주로 유목 생활을 한다는 특징을 지녔는데, 사실 19세기에 피그미족을 처음 만난 유럽인들이 매료됐던 특징은 하나 더 있었다. 바로 작은 키다. 이들의 부족명은 여기에서 유래한 것이다. '피그미'는 '약 50센티미터의 길이'를 의미하는 그리스 신화 속의 민족명(피그마이오스Pygmaios)에서 따온 이름이다. 피그미족의 평균 신장은 150센티미터도 채 되지 않는다. 매커니즘을 완전히 설명할 수는 없지만, 이는 숲속 생활에 적응한 결과임이 분명하다.

내가 이들을 만나기 위해 수차례 파견 근무를 떠난 이

유는 피그미족이 우리 인류의 역사 전반에서 인류가 채택해온 생활 방식들을 놀랍도록 잘 보여주기 때문이다. 수렵채집인인 그들은 적은 인원으로 무리 지어 살고, 배우자를 선택할 때가 되면 원래의 무리가 아닌 다른 무리에 속한 이를 고른다. 이러한 풍습은 인원이 적은 민족 내에서 불가피하게 발생하기 마련인 근친 교배를 막아주는 역할을 한다. 덧붙여 피그미족이라는 이름은 서로 다른 민족들을 하나로 묶어 부르는 유럽식 지칭일 뿐, 이들 집단의 현실과 일치하지 않는 데다 그들 자신의 명명과도 완전히 다르다. 실제로 그들은 자신들을 가리켜 각각 바카Baka족, 아카Aka족, 코야Koya족이라 부르는데, 각 부족은 남남이나 다름없는 모르는 사이다.

피그미족의 또 다른 특징은 우두머리가 없다는 것이다. 그들은 특히 식량 재분배 측면에서 아주 평등한 사회 체계를 갖추고 있다. 식량을 저장하거나 축적하지 않으며, 그날그날 숲속의 자원을 얻어 이웃의 농민들과 물물교환을 하며 살아간다. 아이들은 두 살이 되면 남성과 여성 부족민들 모두의 보살핌을 받으며 자란다.

피그미족을 이해하는 일은 인류 집단 사이의 위계질서를 무너트리는 일과도 연결된다. 선진국의 생활과 문화만을 문명의 결실이라 여기며 수렵채집인들을 고리타분한 문명, 우리보다 뒤처진 문명이라 깎아내리는 이들이 존재하기 때문이다. 심지어 어떤 이들은 '수렵채집인은 완전한 인류가 아니다'라고 생각하기도 한다. 그러나 여기, 피그미족에 관한 고정관념을 허물어트릴 예가 하나 있다.

대위법은 멜로디를 구성할 때 서로 다른 음선들을 겹치게 놓는 다성음악의 기법으로 유명하다. 특히 요한 제바스티안 바흐의 음악은 대위법의 교과서처럼 여겨진다. 한동안 서양인들은 바흐 이후 이어져온 이 정교한 음악 기법이 고전 서양음악만의 특색이라고 생각해왔다. 그러나 1960~1970년대의 음악 민족학자들은 피그미족 역시 대위법을 사용하고 있었다는 사실을 알게 됐다.

피그미족은 건물을 짓지도 않았고 우주 로켓을 쏘아 올리지도 않았으므로 어쩌면 우리보다는 덜 기술적인 길을 걸어왔을지 모르겠다. 그러나 음악에 있어서는 아주 수준 높은 기교를 보여준다. 그들은 뿌리 깊은 음악 애호가 민족으로 진화한 것이다. 음악에 관한 발견 이후에도, 우리는 피그미족이 동식물에 대한 엄청난 지식을 바탕으로 식량을 얻거나 치료 행위를 한다는 사실을 알게 됐다. 그들은 진화가 덜 된 민족이 아니다. 대부분의 사회와는 다른 방식으로 진화하기를 택했을 뿐이다.

아쉽게도 최근에는 피그미족의 미래에 먹구름이 드리워지고 있다. 산림 파괴로 인해 피그미족의 사냥 영역과 생활 터전이 매일 조금씩 줄어드는 중이다. 게다가 '아주 수준이 높고 세련된' 서양 사회가 알코올 등의 골칫거리를 피그미족의 영토에 전파하면서 그들을 오염시키기도 했다. 피그미족의 고유한 생활 방식은 앞으로 얼마나 지속될 수 있을까? 다가오는 미래만이 답을 알고 있을 것이다.

얌나야족,
우리의 숨은 조상

그간 대부분의 유럽인은 자신들의 조상이 선사시대의 수렵 채집인들과 중동에서 유럽까지 이주해온 농경인들일 거라고 생각했다. 그러나 유전학이 밝혀낸 진실은 달랐다. 예상 밖의 민족이 흑해를 통해 불쑥 등장한 것이다.

파리의 지하철역에서 로마제국 점령 이전의 프랑스 역사를 간추려서 말해달라는 설문조사를 벌인다면 대답은 '크로마뇽인', 혹은 '갈리아Gallia족'이라는 두 갈래로 나뉠 것이다. 고고학자들은 오랫동안 프랑스인 조상 계통의 출발점으로 여겨지는 이 두 집단을 둘러싼 의견을 주고받았다. 기본적인 시나리오는 수렵채집인(유럽에 도착한 초기의 호모 사피엔스로, 라스코동굴에 벽화를 그린 이들을 말한다)들이 먼저 살고 있던 유럽 대륙에 약 9,000년 전 중동 아나톨리아 지역의 농경인들이 이주해오며 인구가 섞였다는 것이다. 그러나 유전학이 밝힌 진실은 조금 달랐다. 유전학적 연구 결과에 따라 위의 시나리오가 재검토되면서, 지금껏 거의 언급되지 않던 어느 민족이 현대 유럽인의 유전자에 기여한 주요 선조로 떠올랐다. 바로 죽은 이의 몸에 황토색 염료를 칠한 뒤 한 사람씩 봉분 아래 매장하는 풍습을 가졌던 얌나야Yamnaya족이다.

얌나야족은 약 4,000~5,000년 전의 청동기시대에 살았던 스텝 지역의 유목민들이다. 그들은 카스피해와 북해 북쪽 지역의 볼가Volga강 주변에서 활동했으며, 소들이 끄는 바퀴 달린 수레를 개발하고 사용했던 초기 인류이기도 하다. 유럽에서는 얌나야족의 후손들이 이른바 '매듭무늬토기'라고 불리는 문화를 처음 시작했을 것으로 보고 있다(매듭무늬토기란 아직 마르지 않은 상태의 점토 위에 가느다란 끈을 눌러 무늬를 새기는 방식을 말한다).

유럽 대륙의 역사에서 얌나야족의 역할이 매우 중요했다는 사실은 2015년에야 겨우 알려졌다. 현대 유럽인들의 DNA와 얌나야족의 무덤에서 추출한 DNA를 비교해보니, 혈족 관계가 틀림없다는 결과가 밝혀진 것이다. 더러는 믿기 힘들 정도로 놀라운 비율이 나오기도 했다. 가령 영국인 유전체의 80%는 얌나야족에게서 물려받은 것이다. 대부분의 북유럽인은 얌나야족의 유전자를 풍부히 물려받았다. 스페인 등 남유럽 지역에서의 비율은 30%대로 줄어들지만, 이 역시 높은 수치임은 분명하다.

사실 DNA 분석이 이뤄지기 전에는 얌나야족이 유럽인의 유전자 풀에 크게 기여했을 것이라고 생각하는 이가 거의 없었다. 스텝 지역에 살던 얌나야족이 유럽 대륙에 유입된 것은 농경인이 유럽에 등장한 후로 수천 년이나 지난 때였기 때문이다. 대다수의 유럽인은 얌나야족을 직계 조상이 아닌, 잠시 머무르다 떠난 방문객이라고 여겼다. 한편 유럽에서 얌나야족의 이주 물결이 닿지 않은 유일한 지방은 이탈리아의 사르데냐Sardegna섬이었는데, 이 섬은 유럽 대륙의 역사가 요동쳤던 시기에 살짝 고립됐던 곳이다.

얌나야인들과 유럽 원주민들의 혼합을 조사하는 과정에서, 연구자들은 특히나 X 염색체에 주목했다. X 염색체는 Y 염색체와 함께 개체의 유전적 성별을 결정하는 성염색체인데, 여성은 XX, 남성은 XY처럼 접합하는 식이다. 문제는 현대 유럽인들의 X 염색체에서 얌나야족이 남긴 유전적 유산의 흔적이 거의 발견되지 않는다는 것이다. 어떻게 된 일일까? 얌나야인들이 수레를 끌고 유럽에 도착했을 때, 그 무리 중에는 여성 구성원이 거의 없었던 걸까? 남성 전사들로만 구성된 전사 사회였던 걸까? 오직 얌나야족의 남성들만이 유럽의 여성들과 결혼해 점차 유럽 대륙 원주민들과 섞여 갔던 게 아니라면 설명되지 않는 현상이다. 지금으로서는 한 가지 가설을 골라 단정 짓기 힘들다. 게다가 유럽 원주민과 얌나야인의 혼합은 여러 지방에서 수 세기에 걸쳐 이뤄졌기 때문에, 그 속도마저 각각 다르다.

그렇다면 얌나야족은 유럽 대륙의 어떤 부분에 이끌려 이주했을까? 격변설catastrophism*의 뉘앙스가 짙은 가설에서는 얌나야족의 이주가 인류 역사상 최초의 팬데믹 때문이라고 주장한다. 5,000년 전 얌나야인들이 유럽에 도착했던 시기는 페스트를 일으키는 세균인 페스트균Yersinia pestis이 처음으로 서유럽에 출현한 시기와 일치한다(개체를 감염시킨 병원체의 DNA는 시간이 흘러도 해당 개체의 뼈에 보

* 재앙적인 대격변들, 가령 운석 충돌이나 화산 폭발, 치명적인 자연재해 등이 여러 차례 반복된 끝에 현재의 지구가 완성됐다는 주장.

존되기 때문에 이 사실을 확인할 수 있다). 이에 일부 연구자들은 페스트로 인해 청동기시대의 유럽에 살던 집단의 두수가 감소하며 빈 영토가 생겼고, 얌나야인들이 그곳에 거주하러 왔던 것이라 여겼다.

페스트에 관한 다른 버전의 시나리오도 존재한다. 애초 페스트균이라는 아주 작은 재앙이 얌나야인들과 함께 이주해왔을지도 모른다는 가설이다. 한편, 당시 유럽에서 일어난 기후 변화로 인해 경작할 수 있는 땅이 줄어들어 농경인의 인구가 감소했다고 주장하는 이론도 있다. 농경인들이 활용하던 자연환경이 유목민들의 생활 방식에 유리한 쪽으로 급변했을지도 모른다는 의미다.

어느 가설이 옳든 간에, 유럽인의 유전자 풀에서 얌나야족의 기여가 밝혀진 것만은 분명한 사실이다. 만약 여러분의 부모 중 어느 한쪽의 핏줄에 유럽인 조상이 존재한다면(그리고 사르데냐섬 출신이 아니라면!), 거울에 비친 스스로의 모습을 한번 들여다보자. 라스코 벽화를 그리던 수렵채집인, 중동에서 유럽까지 떠나온 농경인, 스텝 지역에서 이주한 유목민의 모습이 조금씩 섞여 보일 것이다.

남은 것은 유럽인의 유전자 풀에 추가된 얌나야족이 어떤 변화를 불러왔는지에 대해 파악하는 일이다. 이는 현재 진행 중인 여러 연구의 목적이기도 하다. 얌나야족의 유전자가 인류의 키에 미치는 영향에 관한 가설을 내놓은 연구가 있는가 하면, 우유를 소화시키는 능력에 관한 연구도 있다. 이 중 두 번째 문제에 관해서는 뒷장에서 자세히 다뤄보고자 한다.

오늘의 문화가 내일의 DNA를 만든다

DNA는 우리를 인간으로 만들어주고 수많은 능력까지 부여하지만, 사실은 그 반대의 공식도 성립한다. 우리의 행동과 습관은 우리의 유전자에 다시금 영향을 미친다.

여름이 다가오면, 붉은 머리칼을 가진 사람들은 자신의 도자기 같은 피부에 화상이 남지 않도록 햇볕을 피해 다닌다. 네팔 산악 지대의 현지인 가이드인 셰르파들은 세계의 지붕과도 같은 장소에서 공기가 희박해질 때조차 속도를 유지할 수 있도록 뛰어난 신진대사를 활용한다. 인간의 행동이 다시 인간의 유전형질에 직접적인 영향을 미친다는 것을 알려주는 두 가지 사례다. 우리의 DNA는 키부터 시작해서 특정한 질병에 걸리기 쉬운 체질에까지 관여한다. 우리가 존재하는 여러 모습에 DNA의 유전적 힘이 작용하는 셈이다.

그렇다면 우리의 운명은 늘 DNA에 의해 좌우되는 걸까? 사실 오늘날의 유전학은 정반대의 연구 결과를 말하고 있다. 즉, 우리가 만들고 행하는 문화가 결국 인류의 유전자에 영향을 미친다는 것이다.

지구상의 모든 생명체와 마찬가지로, 우리는 인류로서의 유전자를 후손에게 물려준다. 하지만 박테리아나 미모사와 달리 인류는 후손에게 문화까지를 함께 전달한다는 굉장한 특성을 가졌다. 유네스코에서 정의한 바에 따르면, '문화'는 한 사회나 사회적 집단을 구분하는 영적이면서도 물질적이고, 지적이면서도 정서적인 특징들의 집합체다. 단순히 물질적이거나 예술적인 범주를 넘어 우리의 생활 방식이나 가치 체계, 전통과 신앙까지 포괄하는 개념인 것이다. 이와 같은 맥락에서의 문화가 바로 인류의 유전적 진화와 다양성을 결정하는 주인공이다.

이러한 원리를 가장 잘 보여주는 것은 식생활이다. 생활 방식에 따라 우리는 환경을 개조하거나 반대로 환경에 적응해가는데, 물고기를 잡고 해양 포유류를 사냥해 먹는 북극지방의 이누이트족이 대표적인 예다. 이누이트족은 지방질의 고기를 많이 섭취한다. 이누이트족을 유전학적으로 연구한 생물학자들은 그들의 몸속에 숨어있는 FADS1 유전자의 돌연변이를 관찰했다. FADS1 유전자는 오메가-3 지방산의 소화를 돕는 역할을 하는데, 무려 수천 년 전부터 이로운 작용을 해왔다. 즉, FADS1 유전자의 돌연변이를 보유한 사람이 지방질의 식량을 더 잘 소화시킨 끝에 더 많은 후손을 낳을 수 있었다는 뜻이다. 그들은 예측 불가능한 혹독한 환경 속에서도 끝내 생존했으며 자신들의 DNA를 후손들에게 물려주는 데 성공했다. 여러 세대에 걸쳐 내려오면서 FADS1 유전자의 돌연변이 발생 빈도는 점점 증가했고, 이제는 모든 이누이트족이 해당 돌연변이를 보유하게 됐다. 지방과 관련된 예는 또 있다. 인도인의 이야기다. 인도인들은 아주 먼 옛날부터 채식 위주의 식생활을 해왔기에, FADS1 대신 그들의 식생활에 알맞은 방식으로 지방산을 분해하는 FADS2 유전자의 돌연변이가 선택됐다.

북유럽인의 경우는 어떨까? 5,000여 년 전, 그들에게는 유익한 돌연변이가 하나 찾아왔다. 이 돌연변이 덕분에 성인들은 우유, 더 자세히는 우유에 함유된 당인 '유당'을 소화시킬 수 있었다. 일반적으로 포유류 성체의 몸에서는 유당을 분해하는 효소인 락타아제lactase가 활동하지 않는다. 예컨대 송아지는 유당을 소화할 수 있지만, 소는 소화하지 못하는 식이다. 그런데 일부 인류 민족은 거의 모든 성인이 우유를 소화해낸다. 더 놀라운 사실은 이러한 혜택을 받은 민족들의 거주 지역에 따라 그들에게 깃든 유전자 돌연변이들의 양상이 제각각 다르다는 것이다. 가령 유럽에서는 한 가지 돌연변이가 우세하고, 아프리카에서는 두 가지, 중동에서는 다시 한 가지다. 이 돌연변이는 신선한 우유를 주요 식량으로 삼았던 전 세계 민족에게서 여러 세대에 걸쳐 발생 빈도가 높아졌다. 소나 양, 낙타를 목축하며 우유를 짜 먹는 식습관이 이로운 돌연변이를 불러온 셈이다. 이와 대조적으로 남아시아 등에 거주하는 민족들의 경우, 전체 인구의 약 90% 이상이 유당불내증이다.

이와 같은 사례들이 알려주는 것은, 특정 민족이 자신들의 문화적 선호도에 따라 고른 음식을 먹게 되면 그들이 해당 식생활에 적응할 수 있도록 돌연변이가 선택된다는 사실이다. 이러한 과정은 천천히, 수백 세대에 걸쳐 진행된다. 문화적 특징도 그만큼 오랫동안 지속돼야만 가능한 일이다.

문화가 유전자에 미치는 영향을 보여주는 또 다른 예는 조금 색다른 지역에서 관측된다. 필리핀의 바자우Bajau족은 바닷속에서 물고기를 잡기 위해 무려 13분 동안이나 무호흡으로 잠수할 수 있다는 사실로 유명하다. 물론 이처럼 뛰어난 능력은 강도 높은 훈련의 결과일 수도 있겠지만, 연구자들은 바자우족의 비장이 유독 굵다는 사실을 밝혀냈다(그들의 비장은 일부 해양 포유류의 비장에 견줄 만큼 굵다). 이는 자연선택의 마법이 불러온 해부학적 적응이다. 바자우족이야말로 슈퍼 히어로 DNA를 부여받은 주인공이었던 셈이다.

우리가 유당불내증에 걸린 이유

성인들의 고질병인 유당불내증 속에는 우리 인류가 수천 년 전 한곳에 정착하고 목축을 시작했던 역사적 순간이 담겨있다.

아침 식사 후 30분이 지나면 불쾌감이 시작된다. 먼저 복부팽만 증상이 나타난 다음, 위장이 벽돌만큼 버거운 무언가를 소화하기 위해 마구잡이로 움직여댄다. 그러다 결국에는 뱃속 전체가 불에 타는 듯 쓰라리기 일쑤다. 어떻게 우유 몇 잔만으로 뱃속에 이런 폭풍이 몰아칠 수 있을까? 텔레비전 광고는 항상 건강을 챙기는 데 유제품만큼 좋은 것이 없다는 사실을 강조하며 '우유는 평생 우리의 친구'라고 말해주지 않았던가. 혹시 위장에 문제가 생긴 건 아닐까?

우유가 몸에 잘 안 받는 체질이라 해도 걱정할 필요는 없다. 특별한 질환이 있는 게 아니라, 여러분이 그저 포유류의 표준에 해당할 뿐이다. 천천히 설명해보자. 종종 많은 양의 우유를 마시고도 멀쩡한 성인들이 존재하는데, 이유는 그들이 우유에 함유된 '유당'이라는 물질을 잘 소화해내기 때문이다. 유당은 화학에서 '당'으로 분류되는 고분자 물질이다. 위와 장의 벽에 무사히 흡수되기 위해서는 쪼개져야만 한다. 유당을 쪼개는 임무를 맡은 것은 일종의 분자 가위인 락타아제라는 효소로, 유당을 크기가 작은 두 개의 당, 글루코오스glucose(포도당)와 갈락토오스galactose로 분리한다.

락타아제의 도움 덕분에 아무 불편함 없이 우유 1리터를 마시는 사람이 있는가 하면, 유당을 소화하지 못해 설사나 복부 통증, 가스 등의 증상을 호소하는 사람도 있다. 왜 우리는 우유 앞에서 평등하지 못한 걸까? 그러나 정말로 놀라운 것은 대다수의 불행한 인류가 우유를 소화하지 못해 냉장고 구석에 유제품을 쌓아둬야 한다는 사실보다, 우유를 소화하는 성인이 적게나마 존재한다는 사실 그 자체다.

이론적으로 따져보면 포유류인 우리에게는 모두 락타아제가 없어야 한다. 포유류의 몸속에서 락타아제가 일하는 시절은 갓난아기 때뿐이다. 어미의 젖을 섭취하며 자라기 때문이다. 이 효소의 생성은 포유류 개체가 젖을 떼는 순간, 즉 자신의 치아로 단단한 음식을 먹기 시작하는 순간 중단된다. 그렇기에 성인 개체들에게는 락타아제가 없는 것이다. 드물게 예외야 있겠지만, 소는 물론이고 우유를 무척 좋아하는 고양이들 역시 우유를 소화하지 못한다. 인류도 마찬가지다.

'원칙 위반'이 일어난 것은 인류가 가축을 키우기 시작하면서였다. 더 정확히는 수천 년 전, 초기 농경인들이 한곳에 정착한 뒤 가축 무리를 모아 울타리를 세워놓고 우유를 먹기 시작하면서였다. 최근에야 우리는 이러한 식량 혁명이 가능했던 유전자 원리를 알아낼 수 있었다. DNA 염기 단 한 개에서 돌연변이가 발생한 덕분에 락타아제가 성인의 몸속에서도 살아남기 시작했던 것이다.

유일무이한 돌연변이의 등장은 인류의 운명을 바꿨다. 이 돌연변이는 초기의 목축인들에게 큰 혜택을 부여했다. 그렇기에 돌연변이를 보유한 사람들이 더 잘 살아남아 더 많은 아이를 낳을 수 있었고, 그들의 자손 역시 더 많은 자손을 낳아 퍼트릴 수 있었던 것이다. 최근 계산된 수치대로라면 일부 지역에서는 여러 세대에 걸쳐 이 돌연변이가 인구 전체 혹은 거의 모두에게로 퍼진 상태다. 예컨대 현재 북유럽 전체 인구의 80% 이상이 유당에 관한 내성을 지녔다. 아프리카와 중동 지역의 일부 민족도 북유럽인만큼이나 높은 비율로 같은 내성을 지녔지만, 우유를 소화하는 능력 자체를 뒷받침해주는 돌연변이의 구성이 다르다.

이는 유전체의 변화가 전 세계의 세 지역에서 각각 독립적으로 이뤄졌음을 의미한다. 시기는 언제였을까? 9,000년 전(유럽에 농경이 유입된 때) 혹은 5,000년 전(유럽에 얌나야족이 유입된 때), 유럽에서 목축이 번성했을 당시 돌연변이의 발생 빈도가 증가하기 시작했으며 수백 세대에 걸쳐 확산된 것으로 추정된다. 유전자와 문화의 상호작용을 잘 보여주는 좋은 사례다. 실제로 인류는 목축인이 되면서 습관을 바꿔갔는데, 이 습관은 다시 목축인의 유전자를 진화시키는 계기가 됐다. 유념해야 할 점은 당시 목축인들이 우유를 마시기 시작했다고 해서 곧바로 돌연변이가 나타난 것은 아니라는 사실이다. 사실 우유를 소화하는 데 도움을 주는 돌연변이는 예전부터 아주 소수의 인간의 몸속에 깃들어 있었다. 다만 목축업의 발달 이전에는 인류가 우유를 마시지 않았기에 그 쓸모를 증명할 길이 없었을 뿐이다. 그러다 어느 순간 목축업이 번성하고 우유가 인류의 주식이 되면서, 해당 돌연변이의 유익함이 빛을 발하며 급속도로 퍼져나가기 시작했던 것이다.

사실 '유당 내성'을 둘러싼 의문들은 아직도 여럿 남아 있다. 우선은 유당 내성의 이해관계에 대한 의문이다. 어째서 유당 내성 능력이 유리하게 작용하며 선택돼 왔을까? 어째서 몇몇 인류는 소화하지 못하는 우유를 저버리는 대신 신체 능력을 우유에 맞추는 방향으로 진화했을까? 아직 농경 기술에 미숙했던 신석기시대인들이 수확물이 넉넉하지 않은 상황에서 우유를 주식으로 삼아 생존하도록 고안된 호구지책이었을까? 물론 다른 가설도 존재한다. 우유는 비타민 D의 공급원이기도 한데, 일조량이 적어 성장에 필수적인 물질을 합성하는 일에 어려움을 겪는 고위도지방의 사람들에게 영양 보조 역할을 했을 것이라는 추측이다.

두 번째 의문은 지역에 관한 것이다. 중앙아시아, 몽골, 시베리아의 민족들은 우유와 유제품을 자주 먹는 집단으로 유명한데도 유당 내성 돌연변이의 혜택을 받지 못했다. 그렇다면 이들은 어떻게 우유를 소화할 수 있는 걸까? 어쩌면 우유를 보관해둔 용기 속에서 어느 정도 발효가 진행된 우유를 마시기 때문인지도 모른다. 사실 말 우유와 낙타 우유는 발효가 아주 쉽다. 발효된 우유에도 여전히 유당이 남아있긴 하지만, 락타아제를 대신해 부분적으로 유당을 소화시켜주는 박테리아가 함유돼 있어 소화를 도와준다. 즉, 해당 지역 사람들은 장내세균총을 바꿔 박테리아를 활발하게 증가시키는 방법으로 우유에 적응했을 수도 있다는 뜻이다. 자, 이제 스스로를 한번 돌아보자. 여러분은 우유를 소화할 수 있는 사람인가?

바스크인의 진실

사용하는 언어를 기준으로 나눈다면, 바스크인은 유럽에서 완전히 구분되는 별개의 민족이다. 바스크인들은 오랫동안 자신들이 유럽의 다른 국가들로부터 고립된 채 살아왔다고 여겼다. 그런데 그들의 DNA는 '고립된 민족'의 역사와는 다른 이야기를 하고 있다.

스페인 북쪽과 프랑스의 서쪽 끝에 사는 바스크인basques은 바스크식 베레모와 바스크어라는 언어 말고도, 더 많은 특징을 공유하고 있을까? 특유의 문화가 아주 뚜렷한 바스크 민족은 자신들의 기원을 항상 의문해왔다. 그들만의 다양한 특징은 태곳적부터 뿌리내린 선물인 걸까? 어쩌면 그런 특징들이 바스크 민족이 유럽의 다른 민족보다 먼저 시작됐다는 증거는 아닐까?

유전학자들은 바스크인에게서 RH- 혈액형이 유독 자주 관찰된다는 사실이 밝혀진 20세기 중반부터 바스크인의 수수께끼에 관심을 보여왔다. 최근 진행된 어느 연구는 부계 또는 모계에 의한 DNA 마커*를 통한 분석으로 바스크인의 기원이 최대 빙하기까지 거슬러 올라가는 먼 옛날이라는 가설에 힘을 실어줬다.

고고학의 입장도 마찬가지였다. 고고학은 약 1만 8,000~2만 년 전의 '마지막 최대 빙하기'에, 현생인류를 비롯한 여러 동물들이 유럽의 남서쪽으로 대피하면서 이 지역의 인구 밀도가 빽빽하게 높아졌다고 설명하며 이 시나리오를 보충해줬다. 언어학자들 역시 바스크어가 모든 유럽 언어가 포함되는 인도유럽어족에 속하지 않는다며 바스크 민족만의 역사 관점을 거들었다. 이렇게 제시된 근거들은 자연스레 바스크인들이 구석기시대 사람들의 직계 후손임을 가리켰다. 즉, 지금으로부터 9,000년 전의 유럽 대륙에 농경인이 이주해오기 이전부터 유럽에 살았던 거주민의 후손이 바로 바스크인이라는 것이다.

* Y 염색체와 미토콘드리아 DNA처럼 특정한 부모로부터 상속되는 유전적 특징.

주장이 뒤집힌 것은 2021년이었다. 스페인과 프랑스의 공동 연구진이 더 완전한 유전자 분석을 진행한 끝에 기존의 통론을 부정한 것이다. 연구에 따르면, 바스크인의 유전체에 새겨진 대규모 이주 흔적은 다른 유럽인들과 동일했다. 자세히 말해, 바스크인은 초기 수렵채집인(농경 발전 이전부터 유럽에 살던 호모 사피엔스)의 20%, 튀르키예 남쪽의 아나톨리아 지역에서 유럽까지 이주해온 중동 쪽 농경인의 60%, 청동기시대 스텝 지역의 유목민 얌나야족의 20%를 물려받은 후손이었다. 바스크인들은 구석기시대 유럽 수렵채집인들의 순수 혈통이 절대 아니었던 것이다. 유전자 측면에서 바스크인은 이탈리아 사르데냐섬의 주민들처럼 눈에 띄는 특징이 몇몇 있긴 하지만, 그러하더라도 결국 유럽의 범주에 포함된다.

그렇다면 바스크인에게서 나타나는 고유한 특징은 어디서 온 걸까? 유전적으로 바스크인들은 유럽까지 이주해온 농경인 및 유목민 집단과 섞였음에도 불구하고, 그들을 향한 언어적 저항성을 놓지 않았다. 때문에 바스크인들의 언어가 유럽 대륙의 다른 언어와 구분되는 것이다. 실제로 바스크인의 유전적 고립은 농경인 및 스텝 지역 유목민들의 이주 물결 이후인 약 2,500년 전 철기시대

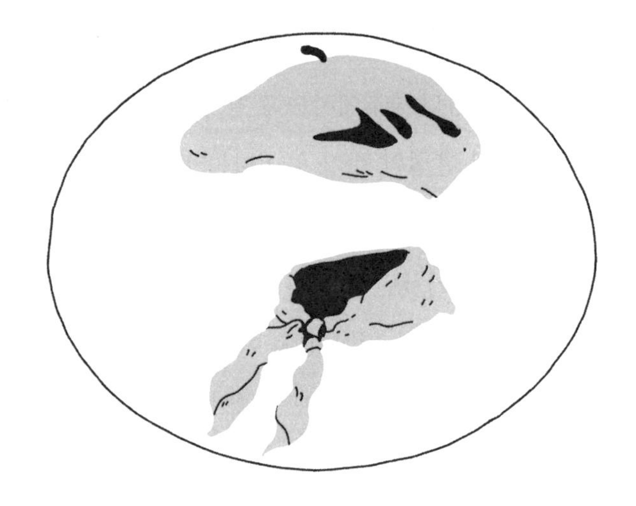

유전적으로 바스크인들은 유럽까지 이주해온
농경인 및 유목민 집단과 섞였음에도 불구하고,
그들을 향한 언어적 저항성을 놓지 않았다.
때문에 바스크인들의 언어가
유럽 대륙의 다른 언어와 구분되는 것이다.

부터 시작됐다. 이때부터 바스크인들은 스페인과 프랑스를 로마화했던 민족과 거의 섞이지 않았으며, 무슬림 정복 당시 북아프리카에서 넘어온 민족들과도 마찬가지로 분리됐다. 지도를 펼쳐 살펴보면 바스크인의 유전적 특징에 관한 정보를 시각적으로 확인할 수 있다. 마치 그러데이션처럼, 바스크 지방의 중심에서는 혼혈이 적은 반면 외곽으로 갈수록 점점 혼혈의 수가 늘어나는 변화가 관찰된다. 이는 언어가 일종의 느슨한 장벽처럼 작용한 사례다.

연구자들이 제기했던 마지막 의문은 바스크인끼리의 유전적 유사성에 관한 것이었다. 이를 두고 연구가 실행되기도 했는데, 해당 연구는 모든 바스크 지방에서 채취한 다수의 혈액 시료를 바탕으로 진행돼 신빙성을 더했다. 결과는 어땠을까? 바스크인들은 다른 민족과 거의 섞이지 않았을 뿐만 아니라 바스크 집단 내에서도 마찬가지로 접점이 적었다. 족내혼(지역 규모로 같은 민족끼리 결혼하는 일)의 성행으로 인해 바스크 지방 곳곳마다 유전적 차이가 컸던 것이다. 이러한 바스크인의 사례는 유전자를 만드는 문화의 힘을 잘 보여준다. 비록 이들의 조상이 아주 먼 선사시대에 뿌리를 둔 빙하기의 인류일 것이란 환상은 사라졌지만, 학술적으로는 여전히 매력적인 케이스다.

| 3부 |

과거와 미래의 유전자

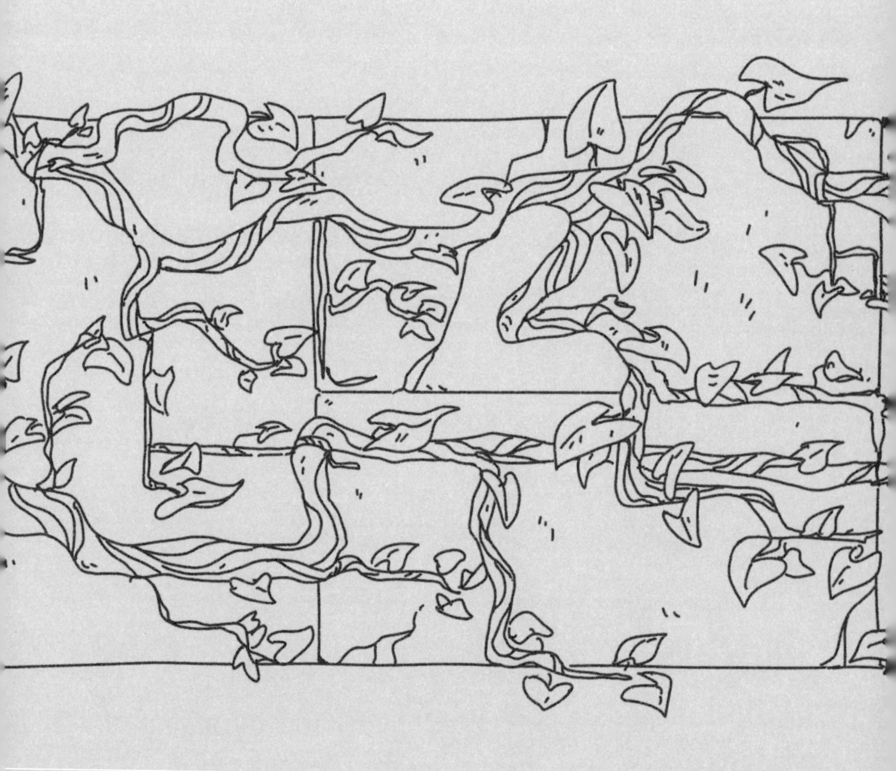

칭기즈칸과 천만 아들

중앙아시아를 대상으로 진행된 유전학 연구에 따르면 1,600만 명의 남성이 오래전 유명했던 제왕의 후손이라고 한다. 권력의 계승으로 설명되는 놀라운 번식 성공 사례다.

역사상 가장 거대한 제국을 이룩한 인물인 칭기즈칸은 분명 공작새처럼 거만했을 것이다. 오늘날 1,600만 명의 남자 후손을 뒀다는 사실을 알게 되면 더욱 우쭐해졌을지도 모른다. 1,600만 명이라는 믿기 어려운 수치는 영국 레스터대학교 소속의 연구진이 2003년에 발표한 연구 결과다. 그들은 서로 다른 100여 개 민족 출신의 남성 5,000명을 대상으로 DNA를 추출했는데, 북아시아 남성의 8%가 동일한 Y 염색체를 공유하는 것 같다는 흥미로운 결과가 도출됐다. 이 놀라운 다산 혈통의 선조가 바로 1227년에 사망한 칭기즈칸이다. 그는 정치가이자 천재적인 군인이었으며 스스로를 '우주의 군주'라고 칭한 인물이다.

칭기즈칸은 어떻게 연구자들의 레이더망에 포획됐을까? 우선 연구자들은 최첨단 유전자 연구 도구를 사용해 수많은 남성을 아우르는 '미스터리한 부계 선조'가 살던 시대가 13세기경, 오차범위 300년 전후라는 것을 밝혀내는 데 성공했다. 이는 아시아 지역에서 불과 1,000년 만에 Y 염색체 유전자가 엄청나게 불어났음을 의미한다. 단순한 우연이라고 치부하기 힘든 속도였다. 분명 어떤 원리가 일부 유전자에 유리하게 작용하면서 남성 후손의 증가 속도를 촉진했을 것이다. 대체 13세기 북아시아에서는 무슨 일이 일어났던 걸까? 추적의 끝에는 칭기즈칸이 있었다. 당시는 칭기즈칸이 이끌던 몽골제국의 절정기였던 것이다.

칭기즈칸은 몽골과 중앙아시아의 부족들을 연합시키면서 광활한 제국을 건설하는 데 성공했고, 권력의 후광에 둘러싸인 채 수많은 자식을 낳아 자신의 위신과 명성을 상속했다. 이 특징은 그의 아들들에게도 모두 대물림됐다. 유전학자들의 연구 결과에 따르면 칭기즈칸의 후손들 역시 많은 자식을 낳았으며, 여러 세대에 걸쳐 다산을 이어 갔다고 한다. 이와 같은 과정을 통해 칭기즈칸의 후손들이 공유하는 Y 염색체의 발생 빈도는 아주 높아졌다. 특히나 높은 지역은 우즈베키스탄이었다. 우즈베키스탄에 사는 튀르크족 일부는 자신들의 고귀한 혈통을 기억하고 있었고, 스스로가 칭기즈칸의 후손임을 자랑스러워했다.

칭기즈칸처럼 수많은 '아들'을 가진 또 다른 혈통도 있을까? 있다. 심지어 믿기지 않을 정도의 발생 빈도로, 10개 정도의 Y 염색체가 북아시아 지역을 가로질러 발견됐다. 이 중 하나는 16세기 청나라의 초대 황제인 누르하치의 혈통이다. 유전자 연구 결과, 현재 중국 북부에는 누르하치의 후손이 100만 명 이상 존재할 것으로 추산됐다.

물론 이는 아직 추측에 불과하다. 칭기즈칸의 경우도 마찬가지다. 흥미로운 가설이긴 하지만 확정 짓기에는 섣부른 것이 사실이다. 칭기즈칸과 누르하치의 DNA를 직접 스포이트 끝에 적셔보지 않는 한, 이는 언제까지나 하나의 매력적인 시나리오로 남을 수밖에 없다(고고학자들이 아직 두 사람의 무덤을 발굴하지 못했다는 뜻이다).

다만 이와 같은 유전학적 발견은 특정 문화가 번식 성공률에 미치는 영향을 보여주는 좋은 사례다. 아시아에서는 생물학적 이유가 아닌 문화적인 이유만으로 특권층의 남성들이 자신의 특권을 후손에게 물려줄 수 있었다. 그렇기에 이들의 Y 염색체가 여러 세대로 널리 퍼져나간 것이다. 이와 같은 현상은 개인의 신분과 사회적 위치를 아버지로부터 물려받는 부계 사회에서 주로 나타난다. 부계 사회에서는 아버지 쪽의 조상을 파악하는 일이 무척이나 중요하기 때문에 대부분의 사람은 7세대 이상 거슬러 올라가는 부계 조상의 족보를 훤히 꿰고 있다. 일례로 내가 예전에 방문했던 키르기스스탄의 어느 마을회관 벽면에는 마을 내의 모든 계보가 그려져 있었는데, 그 계보에 적힌 이름은 전부 남성의 것이었다. 부계 세습을 통해 재산과 권력을 보존하는 이러한 시스템을 유전자 정보가 샅샅이 밝혀낸 셈이다.

칭기즈칸은 몽골과 중앙아시아의 부족들을 연합시키면서

광활한 제국을 건설하는 데 성공했고,

권력의 후광에 둘러싸인 채 수많은 자식을 낳아

자신의 위신과 명성을 상속했다.

우리는 모두 사촌

(믿기 힘들겠지만) 여러분은 우주비행사, 대통령, 유튜브 인플루언서들과 전부 사촌 지간이다.

"교황부터 시작해서 너까지, 몇 명 건너온 거야?" 어느 순간부터 우리 가족의 단란한 저녁 식사 자리에는 이런 질문이 오가기 시작했다. 자신과 어느 유명인 간의 연결고리를 찾는 일종의 게임인데, 알고 지내는 '지인 사슬'에서 몇 개의 고리를 거쳐야 하는지를 따지는 방식이다. 이를테면 '나는 A를 알고 있는데, A는 B를 알고 있지, 그리고 B는……'처럼 문장을 이어가야 한다. 이런 간단한 게임으로 주변 사람을 살피다 보면 의외로 풍부한 사회적 인맥을 발견하게 된다. 나는 내가 버락 오바마 전 대통령과는 두 사람, 달라이 라마와는 세 사람, 엘리자베스 2세와는 단 한 사람을 건너 연결된다고 말했을 때 큰 뿌듯함을 느꼈다. 생각해보면 세상은 정말 조그마한 것 같다.

유전학자라는 내 직업은 세상을 한층 작아 보이게 만든다. 특히 친족 관계에 얽힌 이야기는 끝없는 감탄을 안겨주곤 한다. (만약 여러분이 프랑스인이라고 가정했을 때) 친족 관계로 엮일 만한 프랑스의 유명인사로는 누가 있을까? 사실 프랑스인은 모두 유전적인 사촌 지간이라, 필연적으로 친족 중에 유명인사가 있을 수밖에 없다. 더 자세히 설명해보자. 프랑스인이 전부 같은 피를 몇 방울씩 공유하고 있음을 보여주는 정확한 계산이 있다.

우리는 모두 부모 2명, 조부모 4명, 증조부모 8명, 고조부모 16명 등을 가지고 태어났다. 더 먼 옛날로 거슬러 올라가면 순식간에 어마어마한 수치에 도달하게 된다. 예컨대 800년 샤를마뉴 대제 시절부터 현재의 프랑스인까지는 40세대가 갈라져 내려오는데, 이를 계산하면 현대 프랑스인의 조상이 1조 명이라는 결론이 나온다. 그러나 실제로 샤를마뉴 대제 시절 프랑스의 인구는 1,000만 명 이하였다. 프랑스인의 계보에 박힌 모든 조상이 남남일 수 없는 이유는 이 때문이다. 나의 친고조할머니가 어쩌면

나의 외고조할머니일 수도 있고, 동시에 어느 프랑스인의 고조할머니일 수도 있다. 프랑스인 전체가 수많은 공통 조상을 가졌다는 뜻이다. 결국 프랑스인은 모두 사촌이다. 국민 샹송 가수인 에디트 피아프는 나뿐 아니라 다른 프랑스인의 사촌이기도 하다.

장담컨대 나의 조상 중에는 그 유명한 샤를마뉴 대제가 있다. 동시에 샤를마뉴 대제는 프랑스인 전체의 조상이다. 미심쩍겠지만 정말이다. 만약 시간 여행을 통해 더 먼 과거로 거슬러 올라간다면, 프랑스인 전체가 동일한 조상을 가졌던 때로 돌아갈 수 있다. 어느 집안의 계보 최상단에 기록된 단 한 명의 조상은 다시 그 집안에서 파생되는 모든 계보에서 조상이 되기 때문이다. 예컨대 약 1,000년 전에 유럽 대륙에 살았던 사람들은, 지금까지 그들의 후손이 살아남았다면 사실상 거의 모든 유럽인의 조상이다. 만약 여러분의 조부모님 중 한쪽이라도 프랑스계의 피를 가졌다면, 여러분 역시 나처럼 (그리고 실제로 자신의 조상을 되짚어 올라간 끝에 가계도의 최상단에서 샤를마뉴 대제를 발견한 몇몇 계보학자들처럼) '내 조상은 샤를마뉴 대제'라고 당당히 말할 수 있다.

전 세계로 규모를 넓혀보면 어떨까? 이번에도 동일한

수학 모델을 사용해 인류 최초의 공통 조상, 즉 '이브'가 살았던 연대를 측정할 수 있다. 유럽인들의 최초의 공통 조상은 불과 1,000년 전으로 거슬러 올라가고, 인류 전체의 가장 최근 공통 조상은 기껏해야 5,000년 전에 살았을 것으로 추정된다. 이처럼 놀라운 결과는 전 세계적으로 끊임없이 이주가 진행됐다는 사실에서 기인한다. 우리의 조상 중 몇몇은 캅카스Caucasus산맥에서 왔고, 다시 이들의 조상 중에서 최소 한 명은 캅카스산맥보다 더 먼 동쪽 지역, 즉 후손들 중 일부가 중국인인 지역에서 왔다. 재차 말하지만 우리의 계통수에는 결국 중동으로 뻗어나가는 가지가 있다. 그리고 이 중동의 가지는 또다시 아프리카의 뿔Horn of Africa로 분기한다. 이러한 가지치기 방식은 오스트레일리아 또는 아메리카처럼 더 먼 대륙으로도 확장된다.

그렇기에 전 세계의 조상들을 천천히 되짚어 올라가면 자동으로 인류 전체의 조상을 확인할 수 있다. 인류는 수천 년에 걸쳐 지구 위로 거대한 유전사 거미줄을 엮어뒀다. 아주 머나먼 옛날 우리의 조부모들이 중국에서 쌀을 경작하던 농경인, 순록을 키우던 시베리아인, 코끼리를 사냥하던 아프리카인이었다고 생각하면 놀라울 따름이다.

이쯤에서 여러분은 '이렇게나 다르게 생겼는데, 어떻게 우리가 사촌이라는 거야?'라며 이의를 제기할지도 모른다. 내가 할 수 있는 답은 '비중의 문제'라는 것이다. 모든 나라의 모든 계보에 모든 조상이 똑같은 비율로 함유돼 있지는 않다. 만약 여러분이 가봉인이라면, 당연히 아프리카 조상이 많을 것이다. 스웨덴인이라면 유럽인 조상이 더 많을 것이다. 새로운 세대마다 '유전자 복권'이 작용하기 때문에, 인류 개체 각각의 조상이 머나먼 후손 한명 한명에게 늘 DNA의 같은 부분만을 전달하지는 않는다는 사실을 명심해야 한다. 여러분이 태어났을 때 여러분은 어머니 쪽과 아버지 쪽으로부터 랜덤한 유전자를 절반씩 물려받았다. 동시에 여러분의 10대 위 조상이 여러분에게 아무것도 물려주지 않았을 확률 역시 절반이다. 이렇기에 우리는 모두 친족 관계이면서도 서로 다른 존재로 살아가는 것이다.

전 세계의 조상들을

천천히 되짚어 올라가면

자동으로 인류 전체의 조상을

확인할 수 있다.

여자들의 세계 일주

모든 사람의 DNA에는 기묘한 유사성이 있다. 이 유사성은 결혼 직후 아내가 남편이 사는 마을로 이주해오는 전 세계적인 결혼 모델에서 비롯한다.

19세기의 인물 잔 바레Jeanne Baré는 세계 일주를 한 최초의 여성이었다. 식물학에 열정이 넘쳤던 그녀는 부갱빌Bougainville 탐험대의 두 선박 중 하나인 에투알Étoile호에 탑승하는 남편을 따라 가기 위해 어쩔 수 없이 남자로 변장한 뒤 이름을 '장Jean'으로 바꿨다(당시 프랑스에서는 여성의 항해가 금지돼 있었다). 이 남장이 발각된 것은 2년 후, 에투알호가 남태평양의 타히티Tahiti섬에 기착하던 중이었다. 이후 그녀는 중대한 과학적 업적을 쌓았음에도 불구하고 아프리카 남동부의 모리셔스에서 하선해야 했고, 생계를 유지하기 위해 그곳에서 카바레를 열어야 했다. 이처럼 놀라운 잔 바레의 여정은 여성을 집안에만 묶어놓기 일쑤였던 당시 사회의 고정관념에 반하는 행동이었다.

여성에 대한 고정관념을 깨트린 또 다른 일화는 아마존족 신화의 뒤편에 숨겨진 진짜 이야기에 있다. 고대 그리스의 서사시《일리아스》속에 등장하는 뛰어난 여성 기마민족인 아마존족이 현실에서는 최초의 전사 유목민인 스키타이Scythai 민족에 해당한다고 해도 무방할 것이다. 스키타이 민족에게 성평등은 중요한 개념이었고, 그래서 한때 남성의 것으로 알려졌던 상당수의 묘지가 실제로는 여성의 것이라는 사실이 밝혀지기도 했다. 아마존족에 대한 책을 집필한 학자 에이드리엔 메이어Adrienne Mayor는 "여러 고고학적 발견들은 여성 기마병, 여성 전사, 여성 사냥꾼들이 흑해의 서쪽부터 중국의 북쪽까지 이어지는 광활한 영토에 1,000여 년간 실존했던 역사적 인물임을 한 치의 의심 없이 증명해준다"라고 단언한 바 있다.

유전학은 늘 앞서가고 있었다. 오래전부터 여성들이 남성들보다 훨씬 많이 이주했다는 사실을 알려주고 있었다는 뜻이다. 이 발견은 어떻게 이뤄졌을까? 여느 DNA와는 사뭇 다른 한 DNA가 우리에게 각 성별의 이주에 얽힌 역사를 설명해줬다. 이를 이해하려면, 먼저 대부분의 DNA가 부모로부터 물려받은 유전 물질이 보관돼 있는 세포핵 내부에 존재한다는 사실을 알아야 한다. 그러나 사실은 세포핵뿐만 아니라 세포의 또 다른 구성 요소에도 유전자들이 담겨있다. 바로 에너지를 생산하는 데 쓰이는 세포 소기관인 미토콘드리아다. 미토콘드리아는 어머니로부터 물려받는 DNA만을 포함한다. 이를 분석해낸 유전학자들은 어찌 보면 모계 혈통의 역사를 다시 세운 것이나 다름없다.

어머니에게서 물려받는 미토콘드리아 DNA와 아버지에게서 물려받는 Y 염색체를 비교해본 과학자들은 인류 집단이 Y 염색체보다 미토콘드리아 DNA의 측면에서 더 유사하다는 것을 밝혀냈다. 이와 같은 발견은 여성들이 이주를 거듭하며 미토콘드리아 DNA를 전 세계로 확산시켰음을 뜻한다. 모든 대륙에서 여자들이 더 많이 이주했다는 시나리오에 분명한 확인 도장을 찍어준 셈이다. 반대로 Y 염색체 간의 이질성은 남성들의 이주가 덜 빈번했다는 사실을 암시한다. 인류는 여성들이 이주하는 종種인 것이다.

이를 설명하기 위해 인류의 통상적인 결혼 모델 세 가지를 근거로 들 수 있다. 서로 다른 마을에 사는 남성과 여성이 결혼할 때, 보통은 다음과 같은 주거 방식 중 하나를 선택하기 마련이다. 첫째는 아내가 사는 마을에 남편이 옮겨와 생활하는 것(모거제), 둘째는 반대로 남편이 사는 마을에 아내가 와서 정착하는 것(부거제), 셋째는 아예 새로운 지역에 자리를 잡아 사는 것(신거제)이다. 말했다시피 부거제에서는 남편이 이동하지 않는다. 프랑스에서도 2~3세대를 거슬러 올라가보면 아내가 짐을 싸서 남편이 사는 마을로 이동했던 부거제의 흔적을 발견할 수 있다.

전쟁 이전의 프랑스에서 부거제는 전혀 드문 사례가 아니었다. 인류학자들의 연구에 따르면, 전 세계적으로 인류 사회의 60% 이상이 부거제를 행하고 있기도 하다. 인류 여성들의 대부분이 미토콘드리아 DNA를 보유한 채 이 마을에서 저 마을로 차츰차츰 움직였던 것이다. 다만 현대에는 신거제가 발달해, 남편과 아내 중 누구의 집으로도 이주하지 않는 추세가 강해졌다.

한편 남성들의 광활한 이주를 증명하며 Y 염색체도 지구를 여행했다는 사실을 보여주는 예외가 몇 가지 있다. 오늘날 북아시아 남성의 약 8%에게서 확인된 Y 염색체가 그것이다. 해당 Y 염색체는 칭기즈칸과 그의 남성 후손들을 통해 전파된 것으로 추정된다(127쪽 참고).

기원후 초기의 일화인 '게르만족의 대이동Migration Period'이나 로마인, 아랍인이 주도한 역사 속의 군사 정복들은 그간 인류의 이주 행위가 남성만의 전유물이라는 잘못된 인식을 퍼트려왔다. 그러나 우리는 로마인들이 자신들의 결혼식에서 대지의 여신 텔루스Tellus를 기념했다는 사실을 기억해야 한다. 로마제국의 동전에 박힌 그림 속에는 별이 빛나는 지구를 손에 쥔 텔루스가 앉아있다. 어쩌면 로마인들은 자신들을 기른 어머니가 지구의 여행자라는 사실을 예감했던 게 아닐까?

인류 집단은 Y 염색체보다
미토콘드리아 DNA의 측면에서 더 유사하다.
이는 여성들이 이주를 거듭하며 미토콘드리아 DNA를
전 세계로 확산시켰음을 뜻한다.

퀘벡에서 일어난 미스터리

캐나다의 퀘벡 지역에서는 특정한 유전병들이 높은 유병률을 기록하며 어린아이들을 덮쳤다. 신생 지방이었던 퀘벡에 유전병이라는 고통스러운 역사가 단단히 파고든 것이다. 대체 원인은 뭘까? 근친혼이 성행했던 걸까?

캐나다 퀘벡주의 샤를부아Charlevoix 지역에 흐르는 세인트로렌스Saint Lawrence강은 하구에서 갑자기 폭이 넓어진다. 이는 바다가 그리 멀지 않다는 신호다. 현재 둑이 있는 장소는 수억 년 전 거대한 운석이 지구와 충돌했던 곳이다. 운석의 충격으로 생긴 흔적이 지금까지 남아있는데, 바위들의 모양이 마치 메두사에게 당해 돌로 변해버린 사람의 머리를 연상시키기 때문에 지나가던 행인 한두 명은 흠칫 놀랄 정도다.

이 지역에는 또 다른 미스터리가 퀘벡인들의 세포 한가운데에 숨어있다. 1960년대의 소아과 의사들은 샤를부아 지역과 그 인근에 위치한 사그네락생장Saguenay-Lac-Saint-Jean 지역의 아이들 사이에서 특정한 유전병의 발생 빈도가 높아지는 현상을 확인했다. 아이들에게 나타난 이 안타까운 유전병은 간肝 관련 질병인 티로신혈증 1형과 신경계통의 질환인 샤를부아-사그네 경직성 운동실조였다. 두 가지 모두 아버지와 어머니 양쪽에게서 질환 유전자 돌연변이를 물려받은 사람이 걸리는 열성 유전증이다.

전 세계적으로 이런 유전 질환은 가까운 사촌끼리의 결혼, 이른바 근친혼이 빈번한 민족에게서 나타난다. 근친혼을 올린 신랑과 신부는 가까운 과거에 공통 조상을 두고 있으며, 일부 열성 유전자의 해로운 버전을 공유하고 있을 가능성이 높다. 그렇기에 이들이 아이를 낳을 경우 유전병에 걸릴 확률이 커지는 것이다.

샤를부아 지역의 아이들에게서 자주 발견되는 유전병의 원인도 근친혼이었을까? 그렇지는 않다. 역사 연구가들이 호적등본 수백만 건을 바탕으로 샤를부아 지역 인구의 계보를 복원해본 결과, 놀랍게도 퀘벡 동쪽에서 발견된 유전병 환아들의 부모는 가까운 사촌 관계가 아니었다. 그렇다면 아이들을 덮친 유전병은 어떻게 설명할 수 있을까? 사실 이 병증은 역사적인 원인과 퀘벡 개척자들의 관습적인 원인이 묘하게 섞이면서 나타난 현상이다.

17세기, 프랑스에서 세인트로렌스강까지 건너온 수천 명의 이민자들이 뉴프랑스New France*를 세웠다. 얼마 지나지 않아 뉴프랑스는 바깥 세계와 단절된 일종의 유전자 섬으로 변했다. 아메리카 원주민들과의 연합도 거의 없었고, 더욱이 프랑스가 영국에게 뉴프랑스를 뺏기면서 1765년에는 프랑스의 이민 행렬까지 끊겼다. 새로 이주해온 영국의 개신교 이민자들과는 언어와 종교가 모두 달랐기 때문에, 프랑스어권의 퀘벡 사람들은 그들과 좀처럼 섞이지 않았다.

역시 근친혼이 개입한 것이 아닐까? 속단하긴 이르다. 여기에는 '역사적 배경이 만들어낸 고립'보다 더 중요한 두 가지 현상이 존재한다. 첫째는 '요람 전쟁(요람의 복수)'이다. 이는 일종의 다산 운동이었다. 영국과의 전쟁에서 패한 뒤, 영국의 캐나다 점령이 점점 확산되고 영국에서

* 북아메리카, 지금의 퀘벡을 중심으로 세워졌던 프랑스의 식민지.

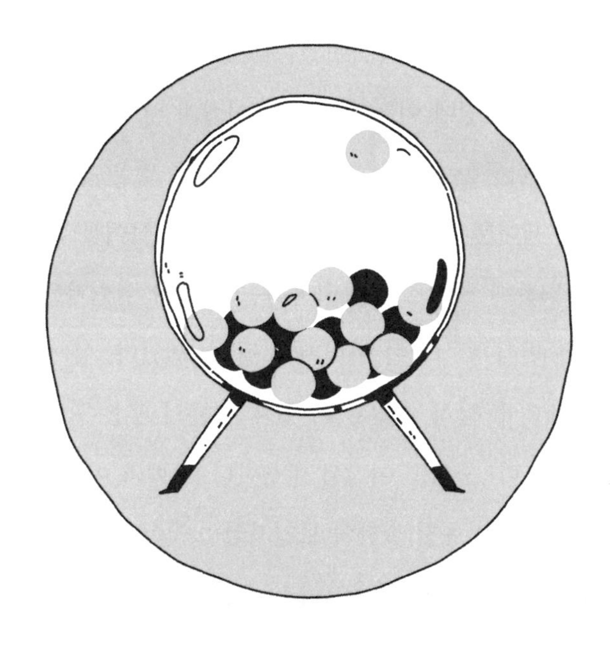

19세기의 퀘벡에서는 자녀가 10명에 이르는 가정도
어렵지 않게 볼 수 있었다. 최다 기록은
한 부부가 25명의 아이를 낳은 것이었다.

건너오는 이민자가 불어나면서 위기를 느낀 가톨릭 수도사들이 퀘벡 지역에 거주하던 프랑스계 주민들에게 가능한 한 많은 아이를 낳도록 독려한 것이었다. 프랑스어 사용 인구를 늘리려는 목적이었는데, 때문에 당시 퀘벡에서는 자녀가 10명에 이르는 가정도 어렵지 않게 볼 수 있었다. 최다 기록은 한 부부가 25명의 아이를 낳은 것이었다.

이들 세대뿐 아니라 그들의 자녀들 역시 아이를 많이 낳았다. 덕분에 프랑스어를 사용하는 퀘벡의 설립자들(50명 정도)은 번식에 성공한 아버지가 될 수 있었다. 이 성공은 여러 세대에 걸쳐 전달됐고, 현재 이들의 후손은 수백만 명에 달한다. 문제는 여기서 발생한다. 퀘벡의 아버지들이 상염색체 열성 유전 질환의 보인자였던 것이다.

이렇게 합쳐진 모든 요인이 다른 유전자를 해치는 유전자, 즉 소아과 유전성 질환을 일으키는 열성 유전자를 퀘벡 지역에 퍼트리는 데 일조했다. 불과 200년 만에 유전병을 일으키는 돌연변이의 빈도가 지역 주민 모두에게서 높게 발견되는 실정이다. 이제 해당 지역의 아이들은 부모가 서로 사촌 관계가 아니더라도 돌연변이를 물려받게 됐다. 애석하게도, 이들의 유전자 복권은 이미 던져진 주사위와 다를 바 없다.

지구인이 너무 많아

지구의 인구는 200년 전부터 미친 듯이 급증하기 시작했다. 그러나 아마도 어느 날에는 안정세에 들어설 것이고, 결국에는 감소하고 말 것이다.

인구 통계에 관한 자료들을 살펴볼 때면 아찔한 기분이 든다. 초마다 세상에 태어나 우리와 같은 공기를 들이마시는 신생아들의 울음소리가 들리는 듯하다. 지구는 매해 1억 4,000만 명의 인류를 새로 맞이한다. 여기서 사망자 수를 제외하면 1억 명 이하로 내려가긴 하지만, 그렇다 해도 인류가 탄생한 이래 지금까지 지구에 살았던 모든 인류의 숫자가 800억 명으로 추산된다는 사실은 놀랍다. 정신이 아득해지는 증가율이다. 지금 전 세계의 인구는 78억 명인데, 사실 200년 전만 하더라도 인류의 수는 10억 명 이하였다. 심지어 내가 태어났을 때의 총 인구수는 현재의 절반도 되지 않았다.*

이처럼 가파른 증가는 우리를 어디로 데려가는 걸까? 이 현상을 어떻게 설명해야 좋을까? 인구통계학자들은 '인구변천Demographic Transition'이라는 이론으로 지금의 현상을 해설한다. 유럽인들은 몇 세기에 걸쳐 인구변천 단계를 통과하는 중이다. 예컨대 17세기의 프랑스인들은 아이를 많이 낳았지만, 그만큼 아이가 사망하는 일도 빈번했다. 당시에는 세상에 태어난 아이의 절반 정도만이 15살을 넘길 수 있었다. 다행히 이후 식생활과 위생 문제가 개선되고 백신 접종이 더해지면서, 신생아의 사망률은 빠르게 감소했다. 이와 같은 신생아 사망률 감소는 인구변천의 2단계에 속한다(1단계는 고출생 고사망, 2단계는 고출생 저사망). 3단계는 출생 자체의 감소다. 즉, 영유아 사망률은 높지만 그만큼 아이를 낳아 기르는 가족도 많았던 형태(1단계)에서 사망률 자체는 낮지만 아이를 적게 낳는

* 이 장의 내용은 2022년 UN이 발표한 인구 전망 보고서를 바탕에 두고 있다. 2024년 현재, 세계 인구는 80억 명을 돌파했다.

가족이 많아진 형태(3단계)로 변화한 것이다.

이러한 변화가 어째서 세계 인구의 지수적인 증가와 관련돼 있다는 걸까? 사실 인구변천의 흐름에 올라탄 나라들의 경우, 신생아의 수가 곧바로 감소하지는 않는다. 오히려 수십 년간 견고한 출생률을 유지하며 2단계를 통과한다. 어머니들은 건강 악화에 대한 걱정을 뒤로하고 꾸준히 대가족을 꾸려간다. 이 기간의 인구 증가는 아주 급격하게 이뤄진다. 예컨대 영국의 인구는 1750년 700만 명에서 1900년 4,000만 명으로 150년 만에 6배나 증가했다. 심지어 해당 통계는 북아메리카, 남아프리카, 오스트레일리아 등 당시 영국이 지배하던 식민지국으로 이주해 살았던 수백만의 영국인을 제외한 숫자다. 같은 기간, 이미 변화가 시작된 프랑스의 인구수는 500만 명 증가에 그치면서, 총 2,500만 명에서 3,000만 명으로 증가했다.

18세기 중반에 유럽을 덮친 인구변천의 흐름은 서서히 다른 국가로 확산하기 시작했다. 현재 전 세계의 모든 국가는 1단계를 탈출했고, 2단계에 진입했거나 2단계에서마저 빠져나온 상태다. 전 세계의 가임기 여성 1명당 출생아 수가 1800년 5명에서 2021년 2.3명을 기록했을 정도다. 유럽의 역사와 비교했을 때, 다른 나라들의 진행 속도는 점점 빨라지고 있다. 이를테면 유럽은 1단계를 통과하는 데 150년이 넘게 걸렸지만, 이란은 단 20년 만에 지나쳤다. 남아메리카와 북아프리카 국가들 역시 30~50년 만에 1단계를 지났다. 사하라 이남의 아프리카 국가들은 인구변천을 통과하는 마지막 그룹으로, 진행 속도가 꽤 불규칙하다. 2021년 전 세계의 출산율은 사하라 이남의 아프리카가 4.3명, 북아프리카 및 서아시아가 2.8명, 동아시아와 유럽은 1.5명에 불과하다.

중국 등 일부 국가의 경우, 정부가 주도한 산아제한 정책이 인구수에 영향을 주기도 했다. 이와 같은 정책은 이미 시작된 인구 감소를 가속화하는 결과를 낳았다. 또 다른 국가들의 경우, 의료 복지가 보강되며 출산율이 감소했고, 그 덕에 삶의 질이 상승하고 여성의 교육 수준이 향상되며 재차 감소세가 강화됐다. 현재 인구 재생산에 필요한 최저 출산율은 가임 여성 1명당 출생아 수 2.1명이다. 그러나 이에 미치지 못하는 나라가 많은 상황이다. 가령 싱가포르의 출산율은 가임 여성 1명당 1.1명이며, 중국 역시 1.1명, 한국은 0.8명이다. 모든 유럽 국가의 출산율 또한 2명 미만을 기록하고 있다. 이탈리아는 1.25명에 불과하고, 영국은 약 1.6명, 프랑스는 1.8명 수준이다.

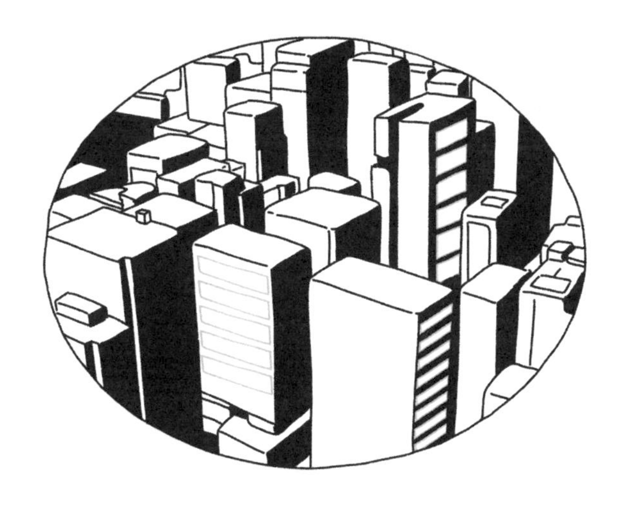

여러 인구통계 예측은 입을 모아 앞으로의 인구가
90억에서 100억 명, 혹은 120억 명까지
늘어날 것이며 이러한 증가 현상이
향후 30년 더 지속될 것이라고 전망한다.

게다가 일부 국가들은 이민자마저 없다는 점이 인구 감소에 대한 경계를 늦추지 않도록 만든다. 이들 국가는 어떻게든 인구 감소를 막기 위해 여성들의 출산을 장려하는 여러 정책을 시행하는 중이다. 예컨대 싱가포르 정부는 아이를 낳은 여성에게 장려금을 지급하고 있으며, 2021년에는 미래의 부모가 재정적으로 안심할 수 있도록 돕는 코로나19 특별 장려금까지 추가했다.

세계 곳곳에서 벌어지는 끝없는 변화들은 우리를 어떤 미래로 이끌어갈까? 여러 인구통계 예측은 입을 모아 앞으로의 인구가 90억에서 100억 명, 혹은 120억 명까지 늘어날 것이며 이러한 증가 현상이 향후 30년 더 지속될 것이라고 전망한다. 그 후 세계 인구 전체가 감소해갈 것으로 예견하는 인구통계학자들도 있다. 그때가 오면 모든 나라가 인구변천의 단계들을 완전히 통과할 것이고 지구에 거주하는 이의 수도 줄어들기 시작할 것이다. 그때는 우리 인류도 더 이상은 환경에 아무런 압박을 주지 않게 될 것이다.

팬데믹은 이미 내 몸 안에

아주 먼 옛날 인류를 덮쳤던 대재난, 이를테면 결핵과 같은 전염병의 역사를 들여다보는 데 DNA만큼 탁월한 도구는 없을 것이다.

DNA는 인류의 기원이 담긴 백과사전이자, 세계에서 가장 의학적인 역사책이기도 하다. DNA에는 과거 인류를 쓰러트렸던 팬데믹에 대한 귀한 정보들이 듬뿍 담겨있기 때문이다. 최근에는 코로나19 팬데믹을 계기로 페스트와 스페인 독감 등 지난 2,000년간 수백만 명의 사망자를 냈던 여러 전염병에 대한 주목도가 높아지기도 했다. 그런데 세상에는 이보다 더 끔찍한 결과를 가져오는 감염증이 존재한다. 바로 결핵이다. 결핵의 등장 이후부터 지금까지, 결핵으로 사망한 사람의 수는 총 10억 명에 이른다. 결핵은 언제부터 인류의 대재앙이 됐을까? 답은 역시 유전자에 숨어있다.

인류와 결핵의 싸움을 목격한 유전자는 TYK2라는 평범한 이름을 가졌다. 하지만 이 유전자의 돌연변이를 보유한 사람은 결핵에 관해 과도한 민감성을 보이는 데다 사망 확률도 무척 높다. 다시 말해, 악랄한 결핵이 선호하는 주요 목표물이 되기 위해서는 어머니와 아버지 양쪽으로부터 TYK2의 돌연변이를 물려받아야 한다. 한 연구진은 인류의 역사가 흐르는 동안 이 돌연변이의 발생 빈도가 어떻게 변화했는지를 살펴봤다.

새로운 샘플을 채취할 필요도 없었다. 연구진은 지금으로부터 1만 년 전에 살았던 고대 인류들의 뼈에서 사용 가능한 데이터를 뽑아 DNA를 재분석했다. 이를 통해 돌연변이의 활동에 얽힌 사건들을 추적해갈 수 있었다. 모든 시작은 3만 년 전, 유전체에서 자연 발생 돌연변이가 등장하면서 이뤄졌다. 이후 약 3,000년 전에 이르기까지 수천 년간 이 돌연변이는 어떤 이익이나 불이익에도 관여하지 않은 채 인류의 이주 행렬에 은밀하게 올라타 전 세계로 퍼져나갔다. 결국 돌연변이는 상당히 높은 빈도에 도달하고야 말았는데(청동기시대 중기 인구의 약 10%가 이 돌연변이의 보균자였다), 이때까지도 돌연변이 유전자가 있는 뼈에서는 결핵의 흔적이 드러나지 않았다. 장전돼 있으나 아직 발사되지는 않은 권총과도 비슷했다.

방아쇠가 당겨진 것은 약 3,000년 전이었다. 결핵균을 타고 결핵이 창궐해가기 시작했다. 고고학 데이터에서도 마찬가지로 당시 인류 집단 사이에서 유전자 돌연변이가 급감하는 패턴이 발견됐는데, 이는 결핵이 너무 강력하게 불어닥친 바람에 돌연변이를 다른 이에게 전달할 시간조차 벌지 못한 채 숙주가 사망했다는 뜻이다. 그 후로도 돌연변이는 계속 감소하여 약 2,000년 전인 철기시대에는 최저치에 닿았다.

결핵이 등장했던 연대를 보고 있으면 의문이 든다. 당시에 어떤 특별한 일이 벌어지기라도 했던 갈까? 왜 우리 조상들은 별안간 결핵균이라는 치명적인 벼락을 맞게 됐을까? 그전까지만 해도 무증상의 돌연변이와 함께 살아가며 목숨을 부지할 수 있었는데 말이다. 더 해로운 형질을 얻기 위해 결핵균이 변이를 시작했던 걸까? 혹은 당대 인류의 생활 방식이 조금씩 변화하면서 결핵균의 활동을 유리하게 만들었던 걸까?

질문에 대한 답으로는 두 가지 가설을 댈 수 있다. 인류의 주거지가 한층 밀집적으로 변한 것은 약 1만 년 전이었는데, 가축과 인류가 더 가까워진 데다 사람들끼리의 간격도 좁아지는 바람에 결핵은 일종의 저수지를 발견한 꼴이 됐다. 사람뿐 아니라 가축까지 감염시키기 위해 결핵균은 이들의 집단적인 생활 방식을 이용하기로 마음먹었을지도 모른다. 실제로 최초의 결핵 흔적이 약 1만 년 전의 유골에서 확인된 바 있다.

그러나 사람을 죽일 만큼 치명적인 결핵의 형질은 이보다 더 최근인 3,000년 전에 나타난 것으로 보인다. 결핵균이 변이했을 가능성도 있다는 뜻이다. 사회적인 변화와 병원체의 진화가 결합해, 다루기 힘든 결핵균이 등장한 것이다. 결핵은 지난 2,000년 동안 유럽 내의 사망자 수백만 명을 포함해 전 세계적으로 많은 이의 목숨을 앗아갔다.

현재 결핵은 거의 퇴치된 상태지만, 우리를 결핵에 취약하게 만드는 유전자 돌연변이가 완전히 사라지지는 않았다. 예컨대 영국인 600명 중에서 약 1명은 부모 양쪽으로부터 이 유전자 돌연변이를 물려받은 사람이다. 결핵 발생이 다시 활발해진다면 결핵에 걸릴 위험이 있다는 의미다. 결핵에 얽힌 인류의 요란한 역사는 전염병이 인류 진화에 얼마나 지대한 영향을 끼치는지를 잘 보여주는 예시다. 우리는 여러 전염병을 극복했던 과거의 조상들, 각종 병원 인자로부터 살아남은 사람들의 후손인 셈이다.

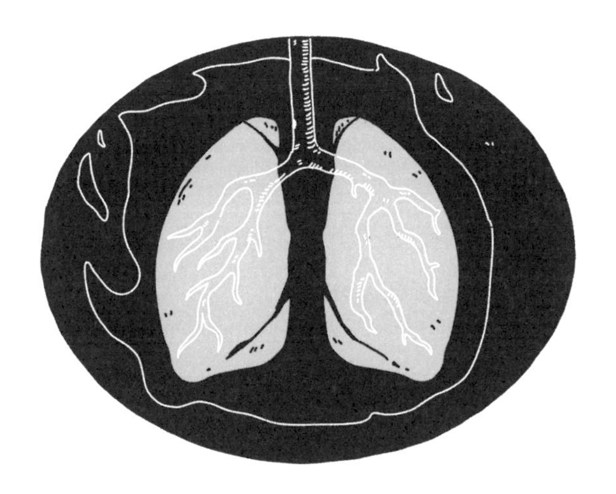

길고 짧은 건 유전자를 봐야 안다

인류의 키 차이는 무척이나 다양한데, 이는 전부 식생활과 자연선택에서 비롯된 것이다.

이제는 키에 대해 이야기해보자. 세계에서 가장 키가 컸던 남자인 로버트 워들로Robert Wadlow의 키는 272센티미터였다. 그는 성장호르몬을 분비하는 샘인 뇌하수체에 이상이 생기는 거인증Gigantis을 앓았다.

한편, 세계에서 가장 평균 키가 큰 국가는 네덜란드다. 연구 결과에 따르면 네덜란드 남성의 평균 키는 184센티미터, 여성의 평균 키는 170센티미터에 달한다. 에스토니아와 라트비아, 덴마크 등이 그 뒤를 쫓고 있다.

평균 키가 큰 북유럽인들은 높은 곳에 있는 물건도 척

척 잡아낸다. 왜 그럴까? 북유럽인들이 모종의 유전자 혜택을 누리고 있는 걸까? 사실 우리의 키를 결정하는 여러 요인은 상당히 동등한 비중으로 영향을 미친다. 우선은 보건 환경이다. 성장하는 동안 잘 먹어야 하며, 성장을 지연시킬 위험이 있는 감염병을 피해갈 환경이 조성돼야 한다는 뜻이다. 유럽의 경우 20세기 들어 보건 환경이 꽤나 개선되면서 유럽인의 평균 키가 10센티미터 남짓 뛰어올랐다. 이와 동일한 이유로 키가 자란 이들이 바로 한국인이다. 한국 여성들의 평균 키는 100년 사이 20센티미터가량 커졌다.

그렇다면 성장기 아동을 위한 복지가 잘 갖춰진 선진국의 거주민들 사이에서도 키 차이가 나는 이유는 뭘까? 정답은 유전에 있다. 여러분의 키는 부모님의 키와 밀접하게 연관돼 있다. 만약 부모님이 초등학교 시절 유독 길쭉한 어린이였다면, 여러분의 어린 시절도 마찬가지였을 가능성이 높다. 키는 유전자의 영향을 강하게 받는 요소이기 때문이다.

최근에는 영국인들을 대상으로 한 연구에서 흥미로운 결과가 도출되기도 했다. 유전체에 새겨진 수천 개의 염기 서열을 통해 키를 예측할 수 있다는 내용이었다. 그러나 이와 같은 일명 '유전자 점수'는 영국이 아닌 다른 지역에서는 상당히 부정확한 예측법인 것으로 밝혀졌다. 해당 예측법이 대부분의 유럽인과 아시아인보다도 아프리카인의 키가 작을 것이라고 '예측'해냈기 때문이다. 이는 척 듣기에도 부정확한 추론이다.

이와 같은 '유전체 예측법'이 부정확해지는 이유는 뭘까? 키 성장에 관여하는 여러 유전 인자의 상당 부분이 각 집단마다 다르기 때문이다. 네덜란드는 184센티미터, 프랑스는 178센티미터, 대만은 173센티미터. 부유한 국가들을 잇달아 나열해봐도 남성의 평균 키에 차이가 존재함을 알 수 있다. 원인은 인류의 역사에서 찾을 수 있다. 호모 사피엔스가 아프리카를 떠나 여러 집단으로 갈라진 이후, 인류는 저마다 덥거나 추운 날씨, 습하거나 건조한 날씨 등 다양한 기후에 맞춰 적응해갔다. 민족 간의 키 차이에 자연선택이 작용하게 된 것이다. 예컨대 추운 기후에 살면서 몸속의 열을 더 잘 보존하는 데는 키가 크거나 체격이 건장한 사람이 다소 불리하다. 지방이 많고 신체의 부피가 적은 사람일수록 생존에 유리하다는 뜻이다. 이 법칙은 북극지방에 사는 시베리아인과 이누이트족의 키가 작은 이유를 설명해준다. 반대로 덥고 건조한 지방에

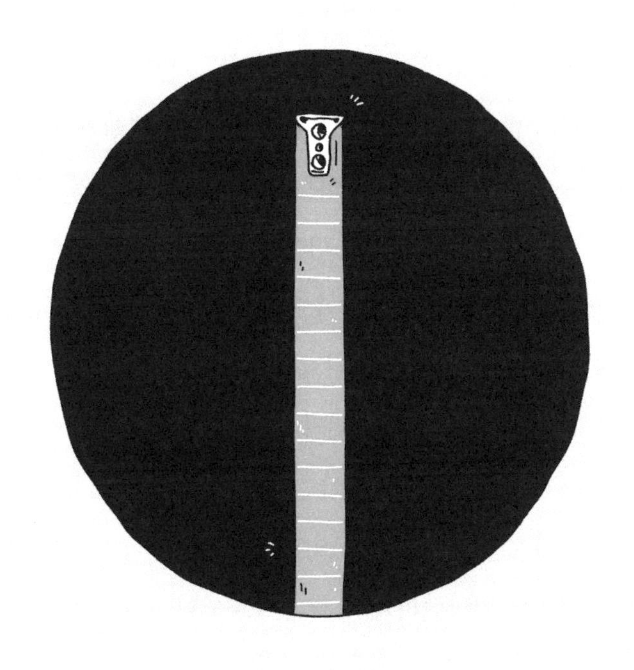

그렇다면 성장기 아동을 위한 복지가
잘 갖춰진 선진국의 거주민들 사이에서도
키 차이가 나는 이유는 뭘까?
정답은 유전에 있다.

서는 키가 크고 긴 팔다리에 호리호리한 체형이 유리하다. 피부를 통해 열을 더 잘 배출할 수 있기 때문이다. 아프리카의 마사이족처럼 말이다.

그러나 이런 설명들로는 북유럽인의 키에 얽힌 궁금증이 풀리지 않는다. 북유럽인들이 큰 이유는 대체 뭘까? 이건 기후나 환경의 문제가 아니다. 북유럽인들은 열을 배출하며 생존해야 할 만큼 더운 지역에서 살지 않는 데다 작은 키가 유리할 만큼 추운 지역에서 생존하는 민족도 아니기 때문이다. 이들의 큰 키는 뚜렷한 성선택Sexual Selection의 결과다. 단순히 키가 큰 남성들이 더 많은 자식을 낳은 것이다. 이유도 명확하다. 여성들이 키가 큰 남성을 짝으로서 선호했기 때문이다. 북유럽에서는 오래전부터 여성들이 최장신의 남성을 선호해왔다. 물론 대부분의 사람이 키 큰 연인을 선호하긴 하지만, 북유럽에서는 유독 장신 선호가 두드러졌던 것이다. 이제 여러분을 돌아보자. 여러분은 어떤 체형의 이성을 선호하는가?

| 4부 |

우연과 필연의 유전자

DNA 해독을 향한 위대한 모험

20여 년 전, 인류의 DNA가 해독됐다는 발표가 모든 신문의 1면을 장식했다. 이 놀라운 발견은 우리에게 어떤 교훈을 줬을까?

수많은 초청객의 박수갈채 속에, 빌 클린턴Bill Clinton 당시 미국 대통령이 엄숙하게 걸어나왔다. 그가 기자회견장의 연단에 오르자, 관악대의 힘찬 연주가 백악관 홀을 가득 채웠다. 국가원수의 연설에 묻어나는 승리의 어조, 실내를 울리는 박수 소리 등 현장 분위기는 미국의 우주 정복 황금기를 방불케 했다. 그러나 2000년 6월 26일, 그들이 기념했던 것은 끝없이 펼쳐지는 거대한 우주가 아니었다. 오히려 정반대의 존재였다. 빌 클린턴 대통령은 인간 유전체의 해독을 발표하기 위해 연단에 선 것이었다. 인류의 천재성이 자신들의 유전적 토대를 탐구하기 시작한 순간이었다. 연구 결과는 7개월 뒤, 언론의 시끌벅적한 분위기가 잠잠해지는 2001년 1월에 정식 과학 논문으로 발표될 예정이었다.

스파이 소설 속에서나 찾아볼 수 있었던 '해독'이라는 용어는 수학적으로 어떤 의미일까? 사실 DNA는 그 자체로 하나의 암호와도 같다. 모든 생명체를 만들기 위한 지시가 쓰여있는 일종의 알파벳이다. 알파벳의 구성은 A, C, T, G(아데닌adenine, 시토신cytosine, 티민thymine, 구아닌guanine)라는 네 개의 염기인데, 사람의 DNA는 무려 30억의 염기쌍으로 이뤄져 있다. 논문을 통해 공개될 내용은 바로 이 염기들의 서열이었다. 전 세계 수백 명의 연구자들이 10년여간 진행한 연구인 '인간 유전체 프로젝트Human Genome Project, HGP'의 첫 발이었다.

그런데 베일을 벗은 논문은 예상과 달리 초안에 불과했다. 어떻게 된 일일까? 인간 유전체 프로젝트의 연구진이 공공의 이익을 위해 총력을 다하던 와중, 민간 기업 셀레라 지노믹스Celera Genomics가 소유권을 독점할 목적으로 인간 유전체의 초안을 발표하려는 움직임을 보였기 때문이다. 셀레라 지노믹스가 유전체 해독 프로젝트에 돌입한 것은 프로젝트의 결과 발표일로부터 불과 3년 전에 불과했다. 격차를 빠르게 따라잡는 것이 가능했던 이유로는 그들이 염기 서열을 분석하는 로봇을 개발한 덕도 있었지만, 정부 측 컨소시엄이 주기적으로 공개해왔던 연구 상황 보고서를 참고한 것이 결정적이었다. 이 사건이 소란스러워지면서 빌 클린턴 대통령은 인간 유전체 프로젝트의 보편적 가치, 즉 사유화될 수 없는 공공성을 강조하기 위한 중재에 나섰다.

결국 양측이 모두 만족할 만한 타협점을 찾을 수 있었다. 대략적인 결과만을 보고하는 방식으로 인간 유전체 프로젝트 연구진의 논문과 셀레라 지노믹스의 논문을 같은 날에 공개하기로 한 것이다. 조금 더 정리된 형태의 '최종' 보고서는 2년 후인 2003년에 발표하기로 했다. 덧붙이건대, 그 '최종' 버전에는 총 20억 달러 이상의 비용이 투입됐다.

유전체 해독이 불러온 뜻밖의 발견에는 어떤 것이 있었을까? 사실 인간의 DNA에 있는 유전자의 개수는 놀라움 그 자체였다. 유전자는 세포 기계실에서 일하는 다양한 분자들인 단백질의 건축 도면과도 같은 존재다. 연구진은 인간의 세포에서 적어도 10만 개의 도면을 찾아낼 수 있으리라고 예상했다. 앞서 진행된 초파리류(유전학자들이 연구에 사용하는 파리)의 유전체 연구 발표에 따르면, 초파리의 유전체는 사람의 1,000분의 1 정도로 작았고, 염기는 200만 개 이하였으며, 유전자의 수 역시 1만 3,000개 정도였기 때문이다. 인간은 당연히 파리보다 복잡할 테고, 그러니 유전자도 갑절은 많아야 할 것이었다. 그러나 연구 결과는 예상과 달랐다. 유전학자들이 찾아낸 인간의 유전자 개수는 약 2만 개에 불과했다. 그러니까 인간의 DNA 유전자는 초파리보다 '약간' 더 많은 수준이다.

최종 보고서가 발표된 2003년 이후, 유전체학 분야는 어떤 발전을 이룩했을까? 가장 큰 진전을 이룬 것은 비암호화 DNA와 관련한 연구였다. 사실, 우리의 유전자가 DNA에서 차지하는 비율은 단 2%에 불과하다. 나머지 부분은 그간 '쓰레기 DNA'나 '정크junk DNA'로 불리기 일쑤였다. 그러나 현재는 이 나머지 부분의 역할을 파악하는 것이 연구의 본질로 올라섰다. 쓸모없다고 여겨졌던 정크 DNA의 일부가 실제로는 유전자들의 발현을 제어한다는 사실이 밝혀진 것이다. 더 자세히 설명하자면, 정크 DNA는 어떤 유전자가 읽히는지, 어느 순간에 유전자가 발현

인간 유전체 프로젝트의 '최종' 보고서는

2년 후인 2003년에 발표됐다.

덧붙이건대, 그 '최종' 버전에는

총 20억 달러 이상의 비용이 투입됐다.

되는지를 통제하는 역할을 수행한다. 놀라운 발견은또 있다. 유전자 한 개가 여러 가지 기능에 관여하는 데다 유전자들이 특정한 임무를 위해 조직적으로 움직이며, 유전자가 아닌, 비암호화된 유전체의 단편들이 이 움직임에 개입한다는 신묘한 사실이 밝혀졌다. 예를 들어, 여러분 한 명의 키를 결정하기 위해 3,000개 이상의 유전체 단편이 모여 회의를 여는 식이다.

빌 클린턴 대통령이 요란한 플래시 세례를 받으며 프로젝트를 발표한 후로 20여 년이 흘렀다. 유전체학의 관점에서는 억겁과도 같은 시간이다. 현재, 인류의 DNA 한 개에 얽힌 염기 서열을 완전히 분석하는 일에는 1,000유로(한화 약 140만 원)가 필요하다. 더 저렴한 방법도 있다. 단돈 몇십 유로만 지불하면 타액 샘플을 유전자 분석 회사에 보내 자신의 기원을 확인해볼 수 있다. 흥미 이상의 분석도 가능하다. 유전체의 염기 서열을 분석하면 여러 질병과 관련된 몇몇 유전자 돌연변이까지 알아낼 수 있기 때문이다. 이는 법의학에서 범죄자를 찾기 위해 사용하는 방법이며, 악성종양의 진행을 추적하거나 바이러스 보균자를 구분하는 일에도 쓰인다. 기대해도 좋다. DNA 분석기가 탑재된 스마트 워치가 우리의 손목에 감길 날이 머지않았다!

지능은 유전일까?

오랫동안 우리는 지능이 유전자의 통제를 받는다고 믿었다. 그러나 오늘날 유전학자들이 밝혀낸 사실에 의하면, 인류의 지적 능력은 본질적으로 교육에서 비롯한다.

지능지수IQ가 그 어느 때보다도 주목받는 시대다. 프랑스의 TV 시리즈인 〈HPI〉에는 지능이 무척 높다는 사실이 밝혀지면서 미제 사건의 자문가로 활약하는 경찰서 청소부가 등장한다. 서점의 판매대에는 IQ 130 이상의 '영재'들을 다루는 책들이 쏟아져 나온다. 자신의 아이가 좀처럼 학교에 적응하지 못하는 이유를 찾으면서 '혹시 내 아이가 남들과는 다른 영재라서가 아닐까' 하는 고민을 품는 학부모도 점점 늘어간다. 이처럼 지능지수를 둘러싼 문제는 명과 암을 두루 갖추고 있다.

사실 유전학에서도 '지능'은 꽤나 매력적인 주제다. 지능이라는 요소가 선천적으로 형성되는 것인지, 혹은 후천적으로 만들어지는 것인지를 두고 오랜 논쟁이 벌어지기도 했다. 몇몇 극단주의자들은 IQ나 학업 기간 등으로 수치화되는 지능에는 대부분 유전자의 힘이 작용한다고 주장했다. 한 개인의 지적 능력은 DNA를 통해 훤히 예측할 수 있으며, 양육은 지능에 별다른 영향을 끼치지 못한다는 것이었다. 만약 이 주장을 뒷받침하는 데이터가 등장한다면 교육 시스템 자체가 크게 흔들릴지도 몰랐다.

과연 과학은 어떤 답을 꺼냈을까? 혹시 우리가 태어나는 순간에 작은 요정들이 침대로 날아와 지능을 선물하는 건 아닐까? 지능 문제에 관심을 가졌던 초기의 유전학자들은 지능의 미스터리를 해결하기 위해 유전적으로 친척 관계인 사람들을 모아 연구를 진행했다. 그리고 그들 간의 유전율Heritability을 밝혀내는 데 성공했다. 과학 용어인 '유전율'은 부모가 아이에게 전달하는 특질에서 유전자가 차지하는 역할을 의미한다. 예컨대, 앞서 설명한 키의 경우 유전율은 80%에 육박한다. 키가 큰 부모를 가진 아이도 역시 키가 클 가능성이 높다는 뜻이다. 그렇다면 IQ의 유전율은 얼마나 될까? 고작 17%에 불과하다. 영재인 남녀가 결혼해 아이를 낳을 경우, 그 아이 역시 영재일 확률은 여느 평범한 부부의 아이가 영재일 확률보다 아주 조금 높은 수준이다.

17%라는 결과는 초창기의 연구에서 도출된 약 40%보다 훨씬 낮은 수치다. 사실 초창기의 연구는 친척 관계에서는 유전자뿐 아니라 자라온 환경까지 공유할 확률이 높다는 것을 고려하지 않은 채로 진행됐다. 그러나 우리의 뇌는 우리를 둘러싼 세계에 의해 끊임없이 형성되며, 신경가소성neuroplasticity* 현상을 통해 계속 변화해간다는 사실을 이제는 모두가 알고 있다.

최근에는 DNA를 둘러싼 여러 연구가 이뤄지며 지금까지 발표된 지능과 유전자의 관계에 관한 연구들을 보충해줬다. 정말로 유전자에 따라 IQ가 달라지는지를 관찰한 실험도 있었다. 이는 생각보다 더 난해한 작업이었다. 지능은 (유전적인 의미에서) 복잡한 특성이 있기 때문에, 사람들의 지능을 서로 비교하는 일은 수천 개나 되는 DNA의 미세한 차이를 일일이 분석하는 것이나 다름없기 때문이

* 외부 환경의 영향을 받아 변화하는 뇌의 성질.

다. 이 '미세한 차이'를 발견하려면 아주 많은 시료를 놓고 분석에 돌입해야 한다. 연구진은 광범위한 집단을 두고 측정하기가 어려운 IQ를 이용하는 대신, '학업 기간'을 유전자 데이터의 매개변수로 활용하기로 했다. 결과는 어땠을까? 백만여 명을 대상으로 한 분석 결과, 학업 기간에 영향을 주는 요인 중에서 유전이 차지하는 비율은 11%였다(참고로 '부모의 학업 수준'이라는 요인은 이 수치보다 거의 두 배 높다).

이와 같은 연구들은 모두 같은 결과를 가리킨다. 지능은 유전에 거의 영향을 받지 않는다는 것이다. 여기서 '거의'가 가지는 의미는 뭘까? 지능을 형성하는 데 유전자가 미치는 영향이 어쨌든 조금이나마 존재한다는 뜻일까? 사실 유전학적인 측면에서 '결정론'을 인정하는 것은 몹시 어려운 일이다. 어떤 특징에 있어 유전자가 일부분 영향을 주는 것이 사실이라 해도, 그것을 결정론적으로 해석할 수는 없다는 뜻이다. 간단한 예를 들어보자. 페닐케톤뇨증phenylketonuria이라는 질병은 지능 발달의 지연과 정신장애를 일으킨다. 이 병은 잘 알려진 단 한 개의 돌연변이(PAH 유전자의 이상)로만 유발되므로, 이 질병을 일으키는 데 있어 유전자의 몫은 100%다. 하지만 알라닌이 없는 식

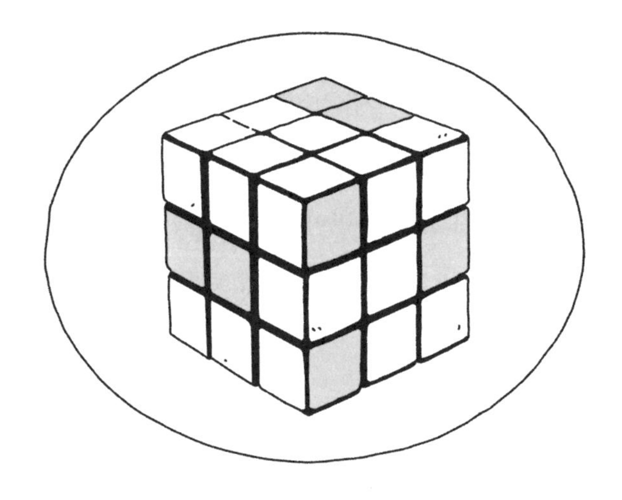

영재인 남녀가 결혼해 아이를 낳을 경우,

그 아이 역시 영재일 확률은

여느 평범한 부부의 아이가 영재일 확률보다

아주 조금 높은 수준이다.

단을 유지한다면 발현을 피할 수 있다. 그렇기에 이 병은 '완전한' 유전병인 동시에 '완전히' 환경에 영향을 받는 질병이기도 하다.

지능, 혹은 적어도 학업 성취에 있어 유전자가 영향을 준다 하더라도 정작 연구 결과에는 이러한 '유전자 결정론'을 뒷받침하는 근거가 거의 없다. 우리는 객관적으로 판단해야 한다. 학업 성취도에 영향을 미치는 유전체에는 약 1,000개의 유전적 변이가 존재하며, 각각의 변이는 15년 이상의 교육 기간 중 평균적으로 단 한 주의 차이만을 만든다.

결국 DNA를 통해 개인의 학업성적을 예측해보려는 시도는 전부 무의미한 작업이다. 물론 유전자가 지능을 결정하는 데 일부 영향을 주기야 하겠지만, 지금까지 설명했듯 상당히 낮은 수준이다. '지능을 결정하는 유전자'는 허구의 존재다. 대부분의 경우, 우리의 지적 능력은 출생 후 뇌에 영향을 주는 여러 자극에서 비롯된다. 복잡한 큐브를 단 한 번의 시도로 맞출 수 있는 지능을 타고나는 천재는 세상에 없다는 뜻이다.

쌍둥이의 운명

이란성 쌍둥이의 출생 빈도가 점점 더 높아지고 있다. 쌍둥이를 둘러싼 신비로운 이미지와는 달리, 이유는 매우 과학적이다. 인공적인 방법으로 임신을 유도하는 보조생식술의 사용자가 늘고 있기 때문이다.

전 세계에는 태어나자마자 헤어진 쌍둥이들이 수년의 세월을 거슬러 만나는 이야기가 다양한 버전으로 퍼져 있다. 같은 헤어스타일을 하고 같은 옷을 입고 같은 자동차를 타며, 심지어는 동일한 이름을 가진 배우자를 만나 살아가다 서로를 마주친다는 놀라운 클리셰를 여러분도 한 번쯤은 접해봤을 것이다. 미래에는 이런 일이 더 자주 벌어질지도 모른다. 파리 인류박물관의 프랑스인 연구

원들이 전 세계 165개국의 데이터를 수집하여 조사한 결과, 우리가 사는 지금은 명백히 '쌍둥이 붐' 시대이기 때문이다. 40년 전에는 쌍둥이가 태어나는 빈도수가 신생아 60명 중 1명에 불과했지만, 지금은 40명 중 1명으로 급증한 상태다.

우선은 한 가지 사실을 짚고 넘어가야 한다. 해당 연구의 대상은 이란성 쌍둥이로 한정돼 있었다. 이란성 쌍둥이는 어머니의 뱃속에서 서로 다른 두 개의 난자가 동시에 수정되는 방식으로 태어난다. 이들은 나란히 놓고 봤을 때, 여느 형제자매들처럼 외모가 닮기는 했지만 구분이 어렵지는 않다. 그렇다면 산부인과의 신생아실에 누운 이란성 쌍둥이가 점점 증가하는 이유는 뭘까? 첫 번째 원인은 보조생식술Assisted Reproductive Technology, ART에 있다. '시험관아기In Vitro Fertilization, IVF'와 같은 보조생식술에 의해 배란이 촉진되면, 여러 배아가 동시에 이식된 뒤 다시 동시에 발달하는 환경이 조성되기 때문이다. 두 번째 원인은 산모의 나이와 연관돼 있다. 점점 더 높아지는 산모의 나이가 이란성 쌍둥이의 출산 확률을 높이는 중이다. 여성들이 아이를 더 늦게 낳으려는 추세는 특히 서양에서 두드러진다.

물론 의학적인 맥락 외에도 이란성 쌍둥이의 출산율은 민족에 따라 자연히 다르게 나타난다. 예컨대 아프리카의 일부 국가에서는 이란성 쌍둥이의 출산율이 매우 높은데 반해 일본은 낮은 편이다. 이러한 복잡성에 더해 유전적인 요인까지 영향을 준다. 쌍둥이를 출산할 확률이 어머니에게서 딸로 유전되는 경향이 있기 때문이다. 단순히 의학적인 요인으로만 쌍둥이 붐을 설명하기는 어렵다.

그렇다면 난자 하나가 둘로 나뉘어서 태어나는 일란성 쌍둥이는 어떨까? 일란성 쌍둥이의 출산율도 지역과 시대에 따라 변화할까? 그렇지 않다. 일란성 쌍둥이가 태어날 확률은 전적으로 난자에 내재된 특성에 달려있다. 모든 인구, 모든 포유류에서 동일하다. 약 4‰로, 이는 250번의 출산 중 일란성 쌍둥이가 태어나는 경우는 단 한 번에 불과하다는 뜻이다. 이 빈도수는 최근에도 꿈적하지 않았다.

일란성 쌍둥이는 몇 가지 사소한 차이, 즉 다섯 개의 돌연변이를 제외한다면 DNA까지 동일하다. 우리의 DNA가 30억 개의 염기쌍을 가졌다는 사실을 곱씹어본다면 이 차이는 더없이 미세하게 느껴진다. 그러나 이처럼 '미세한' 차이가 범죄를 저지른 범인을 잡아내는 결정적인 증거가 되기도 한다.

일란성 쌍둥이가 구분하기 어려울 만큼 닮은 것은 사실이지만, '태어나자마자 헤어진 쌍둥이가 기적처럼 재회하는' 이야기가 모두 진실인지에 대해서는 단언하기 힘들다. 게다가 일반적으로 그들의 재회에서 더 부각되는 부분은 닮은 외모보다는 동일한 취향과 취미 등이다. 적어도 나는 그 많은 일란성 쌍둥이의 재회 이야기 속에서 '좋아하는 것들이 서로 달랐고, 취향도 전부 반대였다'라는 이야기를 들어본 적이 없다.

이처럼 신비롭게 과대 포장되는 일란성 쌍둥이의 일화는 역사 속에서도 유구하게 발견된다. 고대 그리스나 로마 문명의 신화에도 카스토르와 폴리데우케스, 로물루스와 레무스라는 쌍둥이가 등장한다. 많은 사회에서는 쌍둥이 중 하나가 죽었을 때 특별한 의식을 치르기도 한다. 예컨대 살아남은 쌍둥이를 함께 매장하거나 죽은 쌍둥이를 숭배하는 식이다. 이와 같은 의식 행위는 쌍둥이 중 한 명이 첫 돌이 되기 전 사망할 위험이 높았던, 의료 체계가 잘 잡히지 않은 나라에서 흔히 볼 수 있었다.

최근의 여러 연구에서는 일란성 쌍둥이에 얽힌 다소 신비주의적인 관심이 아주 먼 옛날부터 존재했다는 사실이 밝혀졌다. 오스트리아의 크렘스-바흐트베르크Krems-Wachtberg

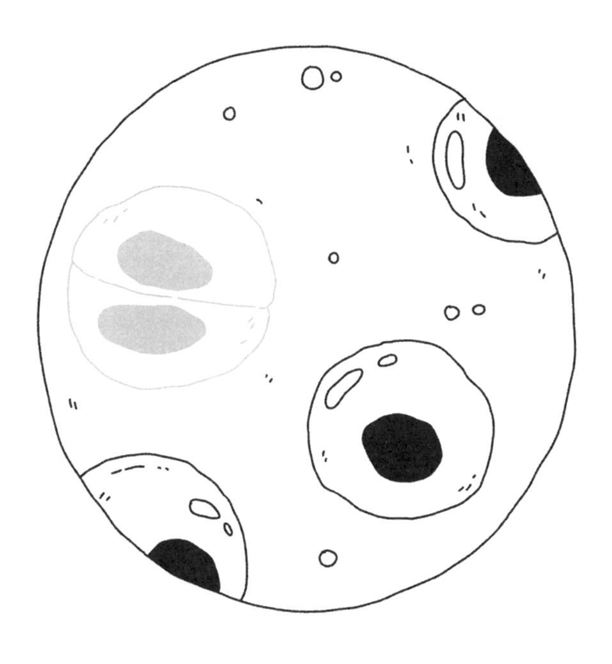

40년 전에는 이란성 쌍둥이가 태어나는 빈도수가
신생아 60명 중 1명에 불과했지만,
지금은 40명 중 1명으로 급증한 상태다.

고고학 유적지에서 발견된 쌍둥이 유골이 대표적인 예다. 발견된 유골들은 3만 년 전의 것으로, 현존하는 쌍둥이 유골 중 가장 오래된 것이다. 한 명은 출생 당시에 사망했고 다른 한 명은 그로부터 50일 후에 사망했으나, 같은 무덤에 묻힌 채로 발견됐다. 이는 나중에 사망한 아이의 유해를 형제와 함께 묻어주기 위해 먼저 죽은 아이의 무덤을 다시 열었다는 뜻이다. 당시의 사회에서도 쌍둥이를 특별하게 여겼다는 증거로 보인다.

자연적인 클론이나 다름없는 일란성 쌍둥이에 관한 일화들은, 과연 얼마나 먼 미래까지 전승될 수 있을까? 한 가지 확실한 점은 이들을 향한 신비로운 관심이 늘어나면 늘어났지 더 줄어들지는 않으리란 사실이다.

과거는 땅속에 있다

고유전학자들은 동굴에서 채취한 퇴적물을 통해 DNA를 추출해냈고, 그것을 도구 삼아 오랜 자료들의 수수께끼를 풀었다.

근거로 사용될 유해가 고갈된 상황에서는 어떻게 인류의 위대한 모험에 얽힌 이야기를 이어나갈 수 있을까? 앞서 우리는 시베리아의 알타이산맥에 위치한 데니소바 동굴에서 약 3만 년 전에 사라졌던 한 인류종(데니소바인)의 첫 흔적이 발견됐다는 이야기를 살펴본 바 있다. 선사학자들은 인류 계통수에서 한 번도 모습을 드러낸 적 없는 새로운 인류의 복원도를 작성하는 일에 유해 한 줌과 손가락 마디 뼈 한 개, 치아 두 개만을 사용했다. 수집된 뼈의 양이 워낙 소량이다 보니 '데니소바인의 진출은 언제부터 시작됐나?'라거나 '멸종 시기는 언제인가?', '시베리아 지역에서 호모 사피엔스와 자주 만남을 가졌던 것인가?' 등의 중요한 질문에는 묵묵부답으로 일관할 수밖에 없었다.

당시는 고생물학계를 뒤흔든 작은 '혁명'이 발생하기 전이었다. 그로부터 얼마 지나지 않아 선사학자들은 지금까지 레이더에 잡히지 않았던 수많은 화석 기록에 담긴 이야기를 알아낼 수 있었다. 발굴지에서 얻어내는 정보의 양도 10배 가까이 늘었다. 이 혁명의 정체는 뭘까? 바로 '퇴적물 속에서 얻는 DNA'다. 말 그대로 해당 발굴지에 쌓여있는 흙에 섞인 DNA를 뜻한다. 2021년, 과학 주간지 《네이처》에는 독일 막스플랑크 연구소의 연구진이 러시아 과학 아카데미의 시베리아 분과팀과 함께 진행한 데니소바 동굴의 퇴적물 분석을 소개하는 논문이 실렸다. 그들의 연구 결과는 그 자체로도 유의미했다.

실제로 과학자들은 30만 년에 걸쳐 퇴적된 데니소바 동굴의 흙에서 800여 개의 시료를 채취해냈다. 그런 다음 분자 기술을 사용해 시료 속의 DNA를 파헤쳤다. 분석 기계는 DNA의 아주 작은 조각들만을 잡아냈으나, 데니소바 동굴의 점령 연대를 복원하기에는 충분한 양이었다. 물질적인 흔적이 전무한 상황에서 과거로 향하는 특별한 문이 열린 것이었다.

연구진은 몇 가지 염기 서열을 확인하고 이론을 정리했다. 데니소바 동굴의 가장 오래된 시기는 25만 년 전인데, 이때부터 17만 년 전까지의 기간에는 오로지 데니소바인들만이 동굴에 모여 지냈다. 그러다 날씨가 다시 추워지면서 네안데르탈인이 동굴에 도착한 것이다. 네안데르탈인과 데니소바인 모두 동굴 속에 터를 잡았고, 이 과정에서 유전적인 교배도 일어났다. 네안데르탈인 어머니와 데니소바인 아버지 사이에서 태어난 여자아이의 유골이 발굴되며 이 사실을 증명해주기도 했다. 이처럼 퇴적물에서 추출해낸 DNA 덕분에 우리는 두 인류종이 수만 년간 가까이 지냈다는 사실을 알 수 있었다. 덧붙여, 13만 년 전부터 10만 년 전까지의 기간에는 날씨가 따뜻해지면서 오히려 데니소바인이 동굴을 떠났고 네안데르탈인끼리만 모여 지냈다. 데니소바인은 5만 년 전에 다시 동굴로 돌아와 멸종 전까지 그곳에서 살았다.

여기서 끝이 아니다. 연구진이 독창적인 방식으로 데니소바인의 기원을 읽어낸 덕분에, 선사학자들은 동굴에서 지낸 현생인류의 연대까지를 추정해볼 수 있었다. 발표에 따르면 현생인류가 동굴에 남긴 첫 흔적은 4만 5,000년 전의 것이다. 해당 시기는 장신구나 보석과 같은 다양한 물건이 발굴되는 시기이기도 하다. 퇴적물에서 DNA를 찾아내 분석하는 연구가 진행되기 전까지, 우리는 네안데르탈인과 데니소바인, 현생인류 중 누가 그 물건들을 만들어냈는지 특정할 수 없었다. 그러나 '작은 혁명'이 싹튼 이후에는 장신구를 제작한 주인공이 현생인류였다는 명확한 답을 얻을 수 있었다. 데니소바 동굴의 퇴적물 속에서 발견된 것은 인류종의 DNA뿐만이 아니었다. 훗날 불곰으로 대체되는 동굴곰과 지금은 사라진 동굴하이에나 등의 동물 DNA도 함께 추출됐다.

인상적인 것은 퇴적물에서 DNA를 추출하는 새로운 기술이 약 30만 년에 걸친 데니소바 동굴의 점령 연대를 전부 상세하게 설명해준다는 점이다. 아쉬운 부분은 개인의 DNA가 단편화돼 있어 친족 관계나 이주에 관한 연구 등 보다 상세한 분석을 수행하기는 어렵다는 것이다. 이를 위해서는 여전히 인류의 유해가 필요하다. 다만 선사학계는 퇴적물을 통해 DNA를 찾는 기술이 다른 유적지의 작업에까지 도입되기를 기대하고 있다. 만약 기술이 확대된다면 네안데르탈인과 데니소바인, 호모 사피엔스라는 세 인류의 시공간에 관한 멋진 지도를 그려볼 수 있을 것이다.

네안데르탈인과 데니소바인이라는 두 사촌이 멸종하기 전까지, 우리의 조상들은 수만 년간 그들과 함께 살았다. 이 교류는 얼마나 빠르거나 느리게 진행됐을까? 혹시 정말로 호모 사피엔스가 두 인류의 멸종에 영향을 준 건 아닐까?

답은 땅속에 있을지도 모른다.

우리를 호모 사피엔스로 만든 결정적인 '무언가'

호모 사피엔스와 네안데르탈인을 가르는 것은 유전자 단 한 줌에 불과하다. 그러나 최근의 연구에 따르면, 바로 이 한 줌이 우리의 뇌를 사피엔스의 방식으로 발달시킨 주인공이다.

만약 네안데르탈인이 멸종되지 않았다면 어떨까? 지금처럼 단일한 인류종이 아닌, 두 종의 인류가 섞인 채로 지구를 채웠다면? 이처럼 대안적인 과거를 탐구하는 역사 시나리오가 2022년, 〈자나뒤의 고원Les Hauts Plateaux de Xanadu〉이라는 이름으로 프랑스의 방송국 프랑스 퀼튀르France Culture에서 라디오 소설로 방송됐다. 이 시나리오를 구체적으로 완성하기 위해 작가들은 네안데르탈인의 입장에 서서 그들의 사고방식을 상상해봐야 했다. 그런데 이런 상황에선 '과학'이 시나리오 자문가의 역할을 도맡아줄 수 있지 않을까? 과학적인 접근이야말로 네안데르탈인의 정신 구조를 이해하는 가장 근본적인 방법이 아닐까? 그렇다면 수백만 개의 돌연변이가 네안데르탈인과 호모 사피엔스를 구분 짓는 상황에서, 우리를 네안데르탈인이 아닌 호모 사피엔스로 만든 결정적인 '무언가'는 어떻게 설명할 수 있을까?

질문에 답하기 위해 연구자들은 네안데르탈인이 독점적으로 가진 형질이자 암호로서의 유전자를 파헤치기 시작했다. 네안데르탈인 계통만의 고유한 특징으로 분류되는 유전자는 약 60개가 있는데, 현생인류와 네안데르탈인의 유전자 개수가 공통적으로 2만 개라는 사실을 고려한다면 이는 확실히 사소한 차이다. 다만 호모 사피엔스와 네안데르탈인의 혈통이 60만 년 전쯤 명확히 나뉘어졌던 것은 사실이다. 그렇다면 네안데르탈인의 정신 기능적 특징은 그들만이 보유한 60개의 유전자에서 비롯된 걸까? 그들은 확실히 예리한 지능을 가졌지만, 우리와는 다른 면이 많았다. 그들은 우리 뇌와 비등한 크기의 뇌를 매끄럽게 활용했으며 죽은 이를 땅에 묻어줬고, 조개껍질

장신구 등을 통해 상징적인 문화를 발달시켰다. 불을 다뤘고, 무리 지어 사냥했으며, 정밀한 도구를 만들었다. 그러나 동시에 라스코 벽화처럼 멋진 그림을 그리지 않았고 조각도 하지 않았으며 호모 사피엔스들이 정교하게 만든 도구적인 기술을 발전시키지도 않았다. 네안데르탈인의 정신 구조는 어땠을까? 과연 뇌의 어떤 부위를 통해 이러한 정신 기능적 특징을 알아볼 수 있을까?

미국 캘리포니아대학교의 연구진들이 알아내고자 했던 것도 바로 이 지점이었다. 해당 연구에는 2020년 노벨 화학상을 수상한 크리스퍼CRISPR 유전자 가위 기술이 큰 도움을 줬다. 쉽게 말해 '맥가이버 칼'에 가까운 크리스퍼 유전자 가위 기술은 한 개 또는 여러 개의 염기 서열을 마치 외과 수술하듯 편집하면서 세포의 DNA를 정확하게 변형할 수 있다. 이에 유전학자들은 뇌 발달 과정에서 초기 단계를 조절하는 것으로 알려진 유전자 NOVA1을 목표로 정했다(호모 사피엔스와 네안데르탈인을 구분하는 특이 유전자 60개 중에서 이 유전자만이 돌연변이 단 한 개에 불과한 차이를 가졌다는 실용적인 이유도 영향을 줬다). 현생인류의 NOVA1 유전자에서 돌연변이를 유도해, 네안데르탈인의 형질로 변화시키려는 계획이었다.

배양된 세포 무리를 놓고 진행된 작업은 네안데르탈인의 뇌와 유사한 것으로 추정되는 뇌의 미니어처 버전인 오가노이드organoid[*]를 키워내기에 이르렀다. 이 미니어처 뇌의 기능을 시험한 결과는 놀라웠다. 시냅스의 연결이 서로 다른 단백질에 작용한다는 특이점이 밝혀진 것이다. 세포 간의 전기 교류는 더 일찍 발달했지만 동기화에서는 어려움을 겪었다. 일반적인 구조마저도 약간 달랐다. 요컨대, 연구자들이 마주한 오가노이드는 '완전히 다른 곳에서 온 장기'나 다름없었다.

이러한 특징들이야말로 네안데르탈인이 왜 우리와는 다른 방식으로 생각하고 행동했는지를 이해하는 단서다. 공상 과학 소설에 가까운 캘리포니아대학교의 실험은 사실 '오가노이드 뇌'와 '완전한 뇌' 간의 차이점을 구분하는 연구의 첫 단계에 불과하지만, 그럼에도 단 하나의 돌연변이가 불러오는 놀라운 변화를 직접 관찰해냈다는 점은 고무적이다. 한편 명확한 한계점도 존재한다. 유전자들은 기본적으로 단독이 아니라 조직을 이루며 움직이기 때

[*] 사람의 장기와 같은 조직을 조그맣게 구현해낸 것으로, '장기 유사체'라고도 불린다.

문이다. 우리의 뇌와 네안데르탈인의 뇌를 구분하는 차이를 보다 확실히 이해하려면 여러 유전자를 동시에 변형시켜봐야 한다.

캘리포니아대학교의 연구진은 60개에 달하는 네안데르탈인의 특이 유전자를 하나씩 실험할 준비를 끝냈다고 한다. 나 역시 이들의 연구 결과가 하루빨리 발표되기를 고대하는 중이다. 앞으로 이런 종류의 실험들은 진화 과정의 우연한 사건들이 작은 돌연변이를 만났을 때 얼마나 큰 변화를 일으키는지, 그리하여 얼마나 다양한 인류의 출현에 기여했는지를 낱낱이 보여줄 것이다.

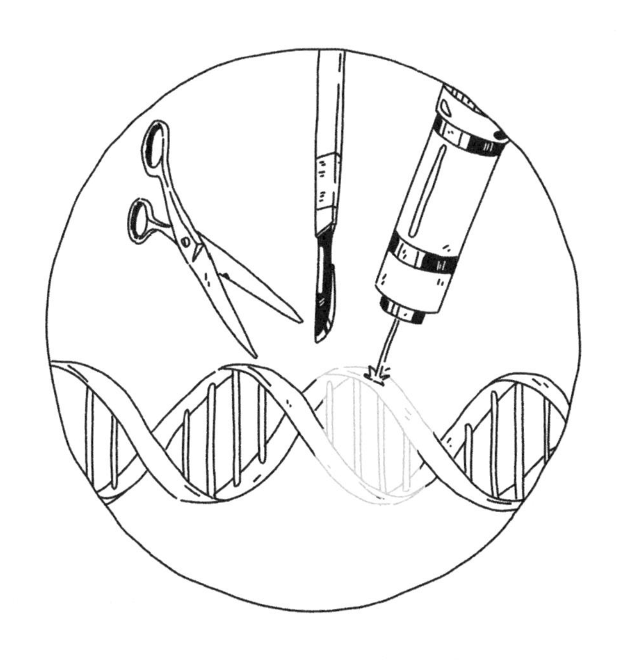

수백만 개의 돌연변이가
네안데르탈인과 호모 사피엔스를 구분 짓는 상황에서,
우리를 네안데르탈인이 아닌 호모 사피엔스로 만든
결정적인 '무언가'는 어떻게 설명할 수 있을까?

네안데르탈인도 말을 할 수 있었을까?

네안데르탈인을 둘러싼 사회조직, 유전자, 해부학적 연구는 하나의 결론을 가리킨다. 멸종된 우리의 사촌에게 언어가 있었을지도 모른다는 긍정적인 신호다.

2000년 여름이었다. 프랑스 중서부의 도시 푸아티에Poitiers 북부에 하수처리장을 짓는 공사가 시작되기 전, 발굴 작업을 진행하던 고고학자들은 땅속에서 의미심장한 자취를 찾아냈다. 여러 구멍들이 원 모양으로 배치된 흔적이었다.

이는 네안데르탈인의 야영이 남긴 자국이었다. 해당 구역은 말뚝에 고정시킨 가죽 그리고 잔가지로 만든 커다란 바람막이와 비슷했을 것으로 추정된다. 바야흐로 6만 년 전의 유적지인데, 야영 흔적과 더불어 불을 피웠던 자리, 잠을 자는 공간과 부싯돌 작업을 하는 공간 등 여러 생활 공간이 잇달아 발견되면서 네안데르탈인의 일상을 밝히는 일에 한 줄기 빛을 내려줬다. 부족 구성원들이 충분한 의사소통을 나누며 조직적으로 생활했음을 시사하는 이 체계적인 유적지는 결국 하나의 궁금증에 가 닿았다. 네안데르탈인도 우리처럼 말을 할 수 있었을까?

글로 쓰이지 않는 언어는 고고학적 흔적을 전혀 남기지 않는다. 다만 과학적인 분석은 가능하다. 유전자 연구에 따르면 네안데르탈인 역시 인간이 언어를 구사하는 데 주요한 영향을 준다고 알려진 FOXP2 유전자를 가지고 있었다. 또, 유인원과는 달리 혀의 말초신경(발성에 필요한 이동성과 변형을 책임진다)처럼 말을 통해 의사표현을 하는 일에 필수적인 해부학적 특징까지 지니고 있었다. 몇몇 선사학자들도 이러한 증거들이 네안데르탈인의 언어생활을 분명하게 시사한다고 주장한다.

2021년, 스페인의 연구진은 한발 더 나아가 네안데르탈인이 우리와 유사한 소리를 낼 수 있었다고 발표했다. 사실 네안데르탈인이 모음을 발음했을 가능성은 이미 충분히 논의된 상태였다(포유류의 대부분은 모음을 발음할 줄 알기에 그리 어려운 일은 아니다. 참고로 여기서 모음은 단순히 입으로 숨을 뱉으면서 내는 소리를 의미한다). 하지만 자음은 다른 문제였다. 더 복잡한 단어를 형성하는 요소이기 때문이다. 네안데르탈인이 자음을 다룰 능력이 있었는지를 알아내기 위해 과학자들은 13만 년 전부터 5만 년 전까지 살았을 것으로 추정되는 네안데르탈인 다섯 개체의 온전한 외의와 중이 뼈의 잔해를 정밀 스캔해냈다. 그 결과, 귀의 해부학적 구조를 바탕으로 네안데르탈인이 자각할 수 있는 주파수의 폭이 밝혀졌다.

네안데르탈인의 대역폭은 우리 호모 사피엔스의 것과 어떻게 다를까? 사실은 거의 다르지 않다. 그들의 대역폭은 우리의 것과 몹시 유사하다. 의외인 점은 오히려 스페인의 시마 데 로스 우에소스Sima de los Huesos 유적지에서 발견된, 네안데르탈인의 조상으로 추정되는 43만 년 전 개체들의 대역폭과 명확한 차이를 보인다는 것이다. 쉽게 말해, 네안데르탈인은 자신의 조상보다 훨씬 폭넓은 소리를 들었다. 그들은 우리처럼 날카로운 소리와 낮은 소리를 지각했다. 이에 연구진은 대역폭의 너비를 근거 삼아 네안데르탈인이 자음을 지각했다고 주장했다.

연구진의 말에 따르면 네안데르탈은 'f'와 's' 등의 마찰

음과 't', 'k', 'p' 등의 파열음을 인지하는 소리 범위 내에서 소리를 들었다고 한다. 이와 같은 자음은 전 세계 언어의 90%에서 발견된다. 자음의 음파는 공기를 타고 널리 퍼지지 않기 때문에 가까운 거리에서의 의사소통에 유용하다. 만약 네안데르탈인이 자음을 발성하지 못한다면, 어째서 자음을 들을 수 있는 귀를 타고난 걸까? 이에 연구진은 네안데르탈인의 귀가 자음을 수용한다는 것은 곧 그들이 자음을 말할 수도 있었다는 뜻이라고 주장했다. 결국 네안데르탈인은 언어의 모든 구성 요소를 만들어낼 수 있었던 것이다.

다만 연구진은 자신들의 연구 결과가 분명한 한계를 가진다고도 설명했다. 그들이 증명한 것은 네안데르탈인이 특정 소리를 들을 수 있는 능력을 가졌으며, 그렇기에 일부 합리적인 소리를 발성할 수 있는 능력까지 보유했을지도 모른다는 추측뿐이었다. '말'을 한다는 것은 아름답거나 복잡한 음성을 발음하는 것과는 확연히 다른 영역이기 때문이다. '소리'만을 놓고 본다면 새들이 인류보다 더 뛰어난 소리를 낼 수 있을 것이다. 인류 언어의 독창성은 여러 음소나 음절의 조합에서 비롯되며, 이를 바탕으로 단어와 문장을 구성하는 데서 시작된다. 우리가 침팬지에게 수천 개의 단어를 가르친다 해도 침팬지가 배운 단어를 활용해 새로운 의미를 생성해내지는 못한다. '나 나간다 우리', '나 논다 공'과 같은 유형으로 몇 가지 조합을 선보이는 것이 전부다.

언어에는 적절한 인지능력이 필요하다. 단순히 플루트를 가진 것만으로는 충분하지 않다. 플루트를 가지고 한 곡을 연주해내기에 적절한 정신적 회로를 사용해야만 한다. 결국 네안데르탈인이 자신의 의사를 명확하게 언어로 표현해냈다는 증거는 다시 고고학의 영역으로 돌아간다. 그들은 죽은 이를 묻어줬고, 조개껍질로 장신구를 만들었으며, 사냥 기술을 정밀하게 발전시켰다. 이러한 문화에서 유추되는 지적 능력과 방금 살펴본 발성 능력을 조합해 생각해본다면, 네안데르탈인이 언어생활을 했다는 사실을 충분히 추론할 수 있다. 그들은 어떤 언어를 사용했을까? 어떤 목소리로 어떤 조언을 속삭이며 소통했을까? 아직은 우리의 상상에 맡겨둘 수밖에 없다.

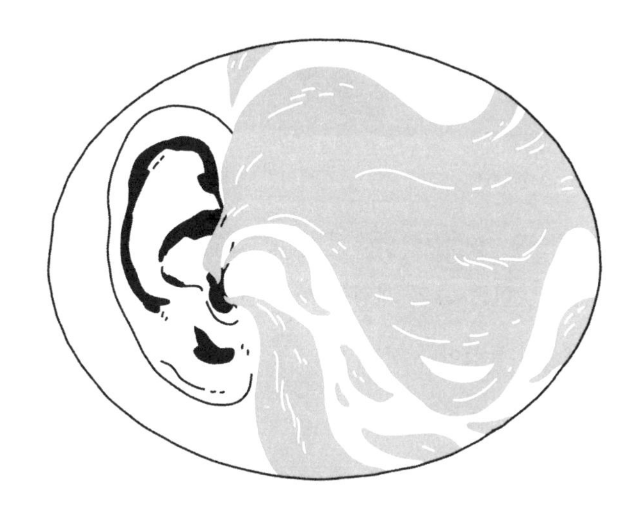

네안데르탈인은 자신의 조상보다
훨씬 폭넓은 소리를 들었다.
그들은 우리 호모 사피엔스처럼
날카로운 소리와 낮은 소리를 지각했다.

인종은 거짓말

유전학은 인종race의 개념을 부정한다. 인간의 외모는 결코 한 사람의 특성이나 지능, 행동 등 그를 정의하는 모든 요소를 설명하지 못한다.

인종. 누군가에게 상처를 주거나 감정을 상하게 만들고, 역사의 어두운 면까지 비추는 단어다. 프랑스에서 '인종'이라는 단어는, 비교하자면 미국인들이 혐오하는 'n-word(흑인이라 규정되는 이들을 비하하는 표현)'와 같다고 봐도 무방하다. 동시에 이 단어는 프랑스 헌법의 제1조에 "프랑스는 출신, 인종, 또는 종교의 차별 없이 법 앞에 모든 시민의 평등을 보장한다"라는 문장으로 명시돼 있기도 하다. 최근 몇 년간 여러 장관과 국회의원들이 '인종'

이라는 단어를 삭제하려 노력했으나 프랑스공화국의 기반을 수정하는 일은 커다란 돌덩이를 힘겹게 옮기는 일과 같았다. 이처럼 인종주의racism를 예방하면서 동시에 인종race이라는 단어를 다루는 일은 아슬아슬한 줄타기와 비슷하다.

과학은 유전적 다양성Genetic diversity의 개념을 바탕으로 인간 사회에서의 '인종'의 존재를 반박했다. 유전적 다양성이란 DNA에 나타나는 변이의 폭을 말한다. 앞서 이야기했듯 DNA는 4개의 염기인 A, C, T, G로만 이뤄진 책과도 같다. 호모 사피엔스의 책은 30억 개의 염기쌍으로 가득 차 있으며, 이는 무려 60만 쪽에 달하는 백과사전이나 다름없다. 유전학자들은 전 세계 인구가 가진 백과사전의 다양성을 측정하기 위해 인류 개체 두 사람의 DNA를 나열해 둘을 구분 짓는 염기의 개수를 꼽아봤다.

결과적으로, 두 사람의 차이는 1‰에 불과했다. 우리는 평균적으로 우리의 옆 사람과 1,000개마다 하나씩 다른 염기를 가졌으며 전부 합해서는 300만 개의 염기가 다르다. 다시 말해 호모 사피엔스 개체들은 99.9% 동일한 존재다. 다른 영장류에 비하면 현저히 낮은 변이성이다. 예컨대 아프리카에 사는 침팬지 집단은 인류보다 변이성이 두 배나 더 높다. 보르네오섬의 오랑우탄은 세 배다. 세계의 인구는 80억 명이나 되지만, 유전적 다양성은 낮은 편에 속한다.

우리의 차이가 이렇게나 미세하다면, 지금과 같은 외모의 다양성은 어디서 온 걸까? 사실 유전학적인 관점에서 보자면 우리는 우리의 외모에 속고 있는 것이다. 보통은 인종의 개념을 이야기할 때 그 기준으로 '피부색'을 꼽곤 한다. 하지만 피부색이 짙은 사람과 밝은 사람 사이의 대조적인 모습을 결정하는 것은 겨우 10여 개의 유전적 차이다. 두 사람을 구분 짓는 300만 개의 차이 중에서 10여 개는 터무니없이 작은 숫자다.

더구나 피부색을 책임지는 유전자들은 행동이나 지능, 질병 저항 등의 요소와도 아무런 상관이 없다. 피부색 하나로 한 사람의 나머지 DNA까지 속단해서는 안 된다는 뜻이다. 게다가 피부색은 두 개인 간의 평균적인 유전자 차이마저 반영해내지 못한다. 예컨대 피부색이 짙은 오스트레일리아 원주민은 역시 피부색이 짙은 아프리카 민족보다는 상대적으로 피부색이 더 밝은 라오스 민족과 유전적으로 더 가까운 사이다.

겉모습의 차이는 과거의 인류가 일조량과 식생활 등에

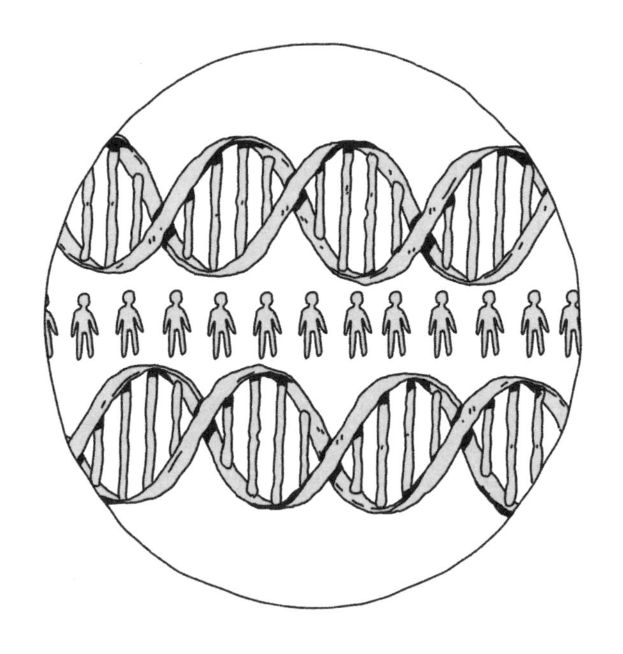

우리의 유전적 차이 중 극히 일부만이

외모에 관한 유전 정보를 담고 있는데,

그마저도 제한적인 데다 아주 미세하다.

적응해간 흔적에 불과하다. 이는 인종의 개념에 반박하는 유전학의 가장 핵심적인 논거다. 우리의 유전적 차이 중 극히 일부만이 외모에 관한 유전 정보를 담고 있는데, 그마저도 제한적인 데다 아주 미세하다. 이보다 중요한 사실은 우리가 거쳐온 이주와 혼합의 역사가 인류의 유전적 차이를 설명한다는 점이다.

그렇다 해서 종種이라는 단어가 과학적 개념이 아니라는 뜻은 아니다. '종'은 유전적으로 구분되는 하위 그룹을 가진 모든 종에 적용되는 용어다. 실제로 개의 경우엔 품종이 존재한다. 인간들이 개체를 선택하고 번식을 통제하며 고의적으로 종을 나눴기 때문이다. 그렇기에 개(서로 다른 대륙에 살아가는 개종)의 유전적 차이는 인간보다 5~6배쯤 더 크다. 다만 인류의 다양성을 설명할 때만은 '종'의 개념이 부적절하다.

이러한 과학적 사실에도 불구하고, 인종을 둘러싼 사회적 인식은 여전히 견고하다. 이제 우리가 해야 할 일은 인종이라는 허구적 개념이 낳는 불평등에 맞서는 것이다.

IQ를 둘러싼 모든 진실

20세기, 유전자가 지능을 결정한다는 허황된 믿음으로 탄생한 우생학eugenics은 끔찍한 결과를 낳았다. 하지만 여기에는 두 가지 의문이 남는다. 우리의 지능은 도대체 어떻게 탄생했을까? 그리고 최근 들어 인간의 지능이 쇠퇴했다는 말은 사실일까?

우주의 원자보다 더 많은 배열을 만들어낼 수 있다는 바둑은 오랫동안 세상에서 가장 어려운 게임으로 여겨졌다. 2016년 3월을 떠올려보자. 바둑계의 스타 기사인 이세돌이 인공지능과의 대결을 위해 바둑판 앞에 앉았을 때, 모든 이가 인간인 그의 승리를 예감했다. 그러나 딥마인드DeepMind에서 개발한 인공지능 프로그램 알파고

AlphaGo가 5전 4승을 기록하며 예측을 뒤엎고 인류의 자존심에 상처를 남겼다. 사람들은 '기대했지만…… 이번에도 역시'라는 혼잣말을 중얼거렸다. 19년 전, 체스 챔피언인 가리 카스파로프Garry Kasparov가 다른 인공지능 프로그램인 딥 블루Deep Blue를 상대로 패배를 맛본 뒤 또 다시 인류의 자존심에 금이 간 것이다.

그러나 과연 이세돌의 패배는 인류가 그렇게 애지중지하는 '두뇌'보다 인공지능의 힘이 더 우월해졌다는 사실을 증명하는 신호탄이 될 수 있을까?

당연히, 아니다. 이 답은 스마트폰의 음성 어시스턴트가 저지르는 황당한 실수들이나 완벽한 자율 주행 자동차를 설계하는 일이 엄청나게 어렵다는 사실만 돌아봐도 금세 유추할 수 있을 것이다. 인간의 지능은 여전히 인공지능보다 우월하다. 다만 인류사를 전공한 학자들은 두 가지의 질문을 던지고 있다. 인류는 어떻게 동물계Animalia에서 전례가 없을 만큼 뛰어난 지능을 얻게 됐을까? 나아가, 몇몇 사람들의 주장처럼 현재 인류의 지능이 쇠퇴하는 중이라는 말은 사실일까?

지난 수백만 년간의 진화는 확실히 우리의 두뇌가 유리한 방향으로 발달하는 데 힘을 보탰다. 오늘날에는 기존의 이론을 보완하는 두 가지 이론이 더 등장하면서 인류의 인지능력이 침팬지보다 발달할 수 있었던 이유를 설명하고 있다.

첫 번째는 생태학적 뇌 이론이다. 영장류를 대상으로 한 연구에서 출발한 이 이론은 식량을 구하는 과정이 복잡하고 식량의 종류가 다양할수록 두뇌가 더 발달한다는 주장이다. 그러니 풀이나 나뭇잎을 주식으로 삼는 원숭이들의 두뇌가 과일을 먹고 사는 원숭이들보다 단순한 것이다. 일 년 중 어떤 시기에 어떤 나무에서 어떤 과일이 열리는지, 또 그 나무가 어디에 위치했는지를 알고 기억하려면 아주 정교한 계획이 필요하다. 사냥을 하거나 호두를 까는 일은 더 까다롭다. 도구를 발명한 인간은 도구가 만든 결과물에 관한 고민을 거친 뒤 다음번의 도구 작업에 반영하는 긍정적인 반복feedback loop을 이어가며 두뇌의 진화를 가속화할 수 있었다. 정리하자면, 고대 인류는 도구를 활용함으로써 더 다양한 식량에 접근할 수 있었고, 이에 따라 뇌는 더욱 복잡하게 발달하도록 자극받았을 것이며, 결국 또 다른 새로운 도구들을 만들어낼 수 있었을 것이다.

지능의 기원에 얽힌 두 번째 이론은 흔히 '사회적 뇌'라고 불리는 것이다. 인류의 끝없는 사회적 관계에 기원을 둔 이 이론은 우리의 뇌가 사회적 관계를 정립하기 위해 정신적 복잡성을 획득했다고 주장한다. 즉, 다양한 관계를 맺는 대규모 사회집단에서 생활할수록 인간의 상호작용이 풍부해지며 인지능력도 더 요구된다는 것이다. 속한 집단의 규모가 클수록, 사회적 상호작용이 많을수록, 사회 시스템이 복잡할수록 자연선택은 더 효율적인 뇌를 선호했을 것으로 보인다. 그래야만 까다로운 사회적 관계를 관리해낼 수 있기 때문이다.

그렇다면 지금도 지능은 진화하는 중일까? 1930년대의 사람들은 지능의 쇠퇴가 불가피한 일이라고 생각했다. 이 생각은 '가난할 집안일수록 지능이 낮은 데다 부유한 집안보다 더 많은 아이를 낳는다'라는 당대 사람들의 관찰(그들의 주장에 따르면 '검증된 가설')을 기반으로 확산됐다. 결국 그들은 'IQ가 떨어지는 부부가 무분별하게 아이를 낳아댈까 봐' 두려워했던 것이다. 이러한 주장이 지닌 핵심적인 오류는 지능이 유전자를 통해 부모에게서 자식에게로 계승된다는 어설픈 믿음이다. 하위층 사람들의 번식을 제한하려 했던 우생학자들의 시도가 바로 이와 같은 맥락에서 이뤄졌다. 심지어 일본에서는 정신장애나 지적장애를 가진 여성에게 불임 수술을 시키는 정책이 1990년대 말까지 이어지기도 했다.

그럼에도 불구하고, 지능은 변화했을까? 그렇다. 다만 우생학자들의 예상과는 정반대의 방향이다. IQ로 측정한 지능은 100년 만에 약 30점이 상승하며 20세기에도 꾸준히 높아졌다. 이러한 변화를 플린Flynn 효과라 부른다.

다만 여기에는 조금 미심쩍은 모순이 존재한다. IQ 100은 '표준', IQ 70은 '지적 능력이 약간 낮은 수준'이라 분류되기 때문이다. 만약 IQ라는 것이 한 치의 오차도 없이 정확하고 절대적인 수치라면 우리의 조부모는 표준 IQ에서 30점이나 낮은 70점을 받게 된다. 모두가 70의 IQ로 살아가는 '지적 능력이 약간 낮은 수준'의 사회가 정말 성립 가능했을까? 이런 관점에서 볼 때 IQ는 시대를 초월하는 신뢰성을 가진 척도가 아닐 가능성이 높다. 오히려 교육 시스템이 보편화되면서 많은 이들이 통과할 수 있게 된 일종의 테스트에 가깝다.

또 유념해야 할 부분은 IQ가 창의적 지능과 정서 지능, 실용적 지능까지는 측정하지 못한다는 점이다. 그러나 만약 모든 형태의 지능을 폭넓게 아울러 살펴본다면, 지능이 어떻게 진화했고 진화해갈지를 예측하는 일은 사실상 불가능할 것이다. 오늘날의 우리가 명확히 아는 사실은 하나뿐이다. 진화가 인류를 똑똑한 종으로 만들어준 만큼, 우리는 이 선물을 현명하게 활용해가야 한다.

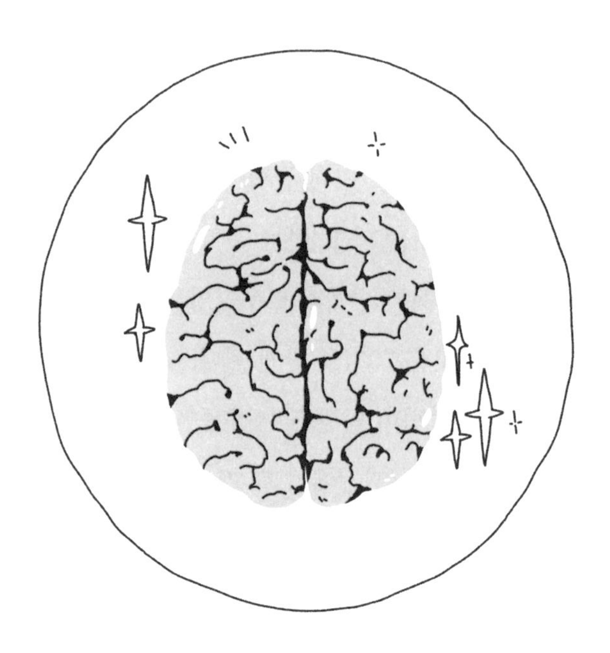

우연은 생명의 원천

세포를 덮치는 유전자 돌연변이가 없었다면 어떤 생물도 지구상에 존재하지 않았을 것이다. 불확실성이야말로 돌연변이의 핵심 키워드다.

오스트레일리아 서쪽 연안의 샤크Shark 만은 생명의 기원으로 향하는 창문이다. 얼핏 보기에 모래 위에 깔린 바위들처럼 보이는 것은 사실 살아있는 구조물로, 흔히 스트로마톨라이트stromatolite라고 불리는 광물 응결체다. 미생물들의 흔적이 차곡차곡 쌓여 만들어진 스트로마톨라이트는 35억 년 전의 지구에 번성했던 최초의 생물을 설명해주는 매개이기도 하다.

지구상에 생명체가 탄생한 순간은 35억 년 전보다 더

면 과거일 수도 있지만(일각에서는 42억 9,000만 년 전을 주장한다), 한 가지 확실한 것은 지구상 최초의 생명체부터 현존하는 다양한 생명체까지의 시간이 흐르는 동안 모든 일이 우연에 의해 일어났다는 점이다. 우연은 생명의 나무에서 어떤 역할을 했을까? 사실 우리는 모두 세포들의 후손이다. DNA(혹은 RNA. 오늘날에는 세포 내에서 DNA를 복사하는 일을 하지만, 생명 출현 당시에는 주요한 역할을 했을 수도 있다)를 가지고 있던 초기의 세포들이 우리의 조상인 셈이다. 이와 같은 분자를 통해 우연은 생물학적 진화의 기반이 됐다.

세포분열이 일어나면 DNA는 복제되어 두 개의 딸세포에게 전달할 DNA 사본을 만든다. 그런데 이 과정이 늘 완벽하지는 않아서, 여러 무작위한 오류가 슬그머니 끼어들기 일쑤다. 어떤 책을 글자 하나하나까지 옮겨 쓴다고 상상해보자. 아무리 뛰어난 필경사일지라도 오자를 내기 마련이다. 직접적인 숫자를 통해 세포들의 고충을 살펴볼 수도 있다. 우리의 DNA에는 30억 개의 염기쌍이 있는데, 이 중 복제 과정에서 발생하고 전달되는 돌연변이는 평균 30~40개에 불과하다. 즉 여러분이 태어날 때 부모님 각자로부터 물려받는 돌연변이의 수가 약 30~40개라는 뜻이다. 그리고 이 돌연변이야말로 여러분과 부모님을 '다른 개체'로 구분해주는 척도가 된다. 여러분은 평균 70개의 오자를 통해 탄생한 개인이나 다름없다.

30억의 염기쌍 중에서 약 30개의 오류는 엄청나게 적은 양이다. 이렇듯 우리의 DNA는 상당히 견고하고 안정적으로 복제되는 편이다. 모든 생물이 이렇지는 않은데, 가령 코로나19의 원인이 되는 바이러스인 SARS-CoV-2의 유전체는 우리보다 훨씬 작지만 돌연변이가 복제될 확률은 1,000배 더 높다. 독감 바이러스의 경우는 두 배나 더 많이 돌연변이를 일으킨다.

이처럼 무작위한 돌연변이를 두고 생명의 원천이라 부르는 이유는 뭘까? 돌연변이야말로 진화의 원동력이기 때문이다. 인간이 가진 돌연변이는 대부분 중성이고, 소수의 돌연변이만이 해롭게 작용한다. 그러니 해로운 돌연변이를 가진 사람의 생존 확률과 번식 성공률이 상대적으로 낮을 수밖에 없다. 다만 가끔은 우연이 무언가를 만들기도 한다. 해로운 돌연변이가 오히려 인간에게 이득이 되는 때가 있다는 뜻이다. 이러한 돌연변이는 즉각적인 도움을 주기도 하고, 한참을 우리 몸 안에서 숨죽인 채 있다가 새로운 질병이 창궐할 때 비로소 활동을 시작하기도 한다. 미래 인류의 적응성을 위한 잠재력의 저장고나 다름없는 것이다.

앞서 소개한 인도네시아의 바자우족을 다시 살펴보자 (109쪽 참고). 그들 조상의 유전체에서 돌연변이가 나타난 덕분에 바자우족은 10분 이상 무호흡으로 잠수할 수 있게 됐다. 이 돌연변이는 대부분의 사람에게는 그다지 이롭지도 해롭지도 않은 중성적인 존재다. 그러나 해면동물을 잡는 어부인 바자우족에게는 굉장한 장점이 됐다.

생명의 기원이 시작된 이래, 유전적인 불확실성은 모든 위대한 진화의 발판이 돼줬다. 대기 중의 산소를 풍부하게 만들어준 지구 최초 박테리아의 호흡, 단세포 생명체 가운데서 분화된 다세포 생명체의 출현, 중추신경계와 같은 뇌의 등장이 그 예다. 비교적 가까운 과거에는 우리 조상들이 효율적인 뇌와 직립보행, 언어생활 등을 누릴 수 있도록 도와준 돌연변이의 행운이 깃들기도 했다. 우리는 '우연'이라는 복권에 당첨된 행운아들의 후손인 셈이다.

한 가지 확실한 것은 지구상 최초의 생명체부터
현존하는 다양한 생명체까지의 시간이 흐르는 동안
모든 일이 '우연'에 의해 일어났다는 점이다.

나가며

우리는 계속 진화하게 될까?

이탈리아 로마, 시스티나 성당의 천장에는 미켈란젤로의 〈아담의 창조〉가 그려져 있다. 그림 속에서 인간을 창조한 신의 검지는 지구를 가리키는 중이다. 우리에게 오랫동안 기원의 관점을 제시해준 종교는 인류가 암흑 속의 섬광처럼 무無에서 솟아났다고 이야기해왔다. 그러나 지금 우리는 인류가 얼마나 까마득한 과거사를 가졌는지를 전부 알게 됐다. 인류가 침팬지와의 공통 계통에서 벗어나 모든 대륙에 제국을 건설한 모험적인 존재가 되기까지는 약 700만 년이 걸렸다.

이 책에서 나는 위대한 인류의 모험 중에서도 몇몇 중요한 순간을 언급했다. 이를테면 우리 지능의 사회적 기원, 지금은 멸종된 사촌 네안데르탈인과 데니소바인과의 만남처럼 인류의 모험담에 한 획을 그어준 조우들, 그리고 사람들 사이의 유전적 관계를 좁혀준 교류와 이동의 가속화 등이다. 그렇다면 미래는 어떨까? 우리 인류는 어떤 길을 걷게 될까? 진화는 계속될까?

우리 대다수는 자연의 불확실성에 순응하는 수렵채집인처럼 살지 않는다. 그렇기에 모든 생명체는 진화의 수순을 밟는다는 보편적인 원리가 깨지지 않으리라는 보장도 없다. 두 명의 인간 개체가 아이를 낳을 때마다 유전적으로 새로운 돌연변이가 우리의 DNA 속에 우연히 깃들기 때문이다. 모든 돌연변이는 대단한 혁신을 단번에 이루지 않는다. 단지 극히 일부 돌연변이가 긍정적으로 나타나거나 자연선택에 의해 유지될 뿐이다.

여러분은 지금 이렇게 생각했을 것이다. '21세기에 자연선택이라니!' 그 말대로다. 약 200년 전부터 우리 삶의 질은 선진국을 중심으로 꾸준히 향상돼 왔고, 이제는 자연선택이 거의 사라졌다는 인상마저 준다. 가령 현재는 대부분의 아이가 성인의 나이에 도달하지만 불과 200년 전만 해도 영유아의 절반이 사망했다. 허나 자연선택은 여전히 우리의 유전자에 파고들어 있다. 과거에는 '자연환경 사이에서 살아남는' 식으로 생존을 결정했다면, 오늘날에는 출산과 번식의 문제에 초점을 맞출 뿐이다. 예컨대 환경이 심각하게 오염된 일부 지역에서는 한창 남성 불임 현상이 관찰되는 중이다. Y 염색체는 다른 유전체보다 훨씬 취약해서 기후변화에 영향을 받기 때문이다. 결국 자연선택 역시 우리가 스스로 만들고 살아가는 환경에 좌우된다.

진화는 어떤 방향으로 나아가게 될까? 돌연변이의 우연과 우리가 살게 될 환경의 우연에 달려있을 것이다. 두 가지 모두 예측하기 어려운 요인이다. 다만 공상 과학 속의 기이한 가설들을 탐구할 필요는 없다. 예전보다 덜 걷는다고 해서 다리가 짧아지지는 않을 것이고, 스마트폰을 더 잘 쓰기 위해 6번째 손가락이 돋아나지는 않을 것이다.

생명이라는 장기적인 게임이 우리를 어디로 데려갈지는 예측하기 어렵지만, 적어도 한 가지는 명확하다. 우리는 앞으로도 끊임없이 이주하리라는 사실이다. 이주를 이어간 덕분에 우리는 자신만의 아늑한 터전에 터를 잡은 유인원들과 달라질 수 있었다. 이주는 인류의 성공 요인 중 하나다. 유전자 교류가 없는 미래는, 적어도 내게는 비현실적으로 보인다. 이것이 내가 유전학자로서 체득한 교훈이다. 여러분은 지금도 화성으로 향하는 로켓이나 하늘

우리 인류는 어떤 길을 걷게 될까?

진화는 계속될까?

을 나는 자동차가 가득한 미래를 상상하고 있을 것이다. 나는 더 나아가, 그 안에 탄 인류를 상상한다. 화성으로 가는 티켓은 어쩌면 이주의 또 다른 형태이지 않을까?

가까운 미래에 대해 거의 확실하게 말할 수 있는 부분은 인구의 급증이다. 30~50년 후에는 인구수가 100억으로 정점에 도달할 것이다. 이러한 '인구 붐'은 대부분 아프리카에서 일어나겠지만, 사실 인구 붐의 장소가 유럽인지 미국인지 혹은 아프리카인지에 따라 지구에 가해지는 영향은 천차만별이다. 그러니 생물학적 환경을 더 이상 파괴하지 않고 미래 세대에게 물려주고 싶다면, 선진국들이 앞장서서 지속 가능한 소비 방식을 채택해야 한다.

우리는 과거 세대의 계승자들이다. 이제는 우리의 미래 세대에게 연대의 손을 뻗어야만 한다.

네안데르탈인의 유산

- Brand, C. M., Capra, J. A., Colbran, L. L., 《 Predicting archaic hominin phenotypes from genomic data 》, *Annual Review of Genomics and Human Genetics*, 2022
- Hajdinjak, M. *et al*., 《 Initial Upper Palaeolithic humans in Europe had recent Neanderthal ancestry 》. *Nature*, vol. 592, 2021
- Pääbo, S., Zeberg, H., 《 The Major Genetic Risk factor for severe COVID-19 is inherited from Neanderthals 》, *Nature*, 2020

장거리를 즐긴 또 다른 사촌

- Chen, F. *et al*., 《 A late Middle Pleistocene Denisovan mandible from the Tibetan Plateau 》, *Nature*, vol. 569, 2019
- Condemi S., Mazières S., Faux P., Costedoat C., Ruiz-Linares A., Bailly P. *et al*., 《 Blood groups of Neandertals and Denisova decrypted 》. PLOS ONE, Public Library Science of London, 2021
- Massilani, D. *et al*., 《 Denisovan ancestry and population history of early East Asians 》, *Science*, 2020
- Zhang, D. *et al*, 《 Denisovan DNA in Late Pleistocene sediments from Baishiya Karst Cave on the Tibetan Plateau 》, *Science*, 2020

당신은 수다 떨기 위해 태어난 사람

- Pavard, Samuel, 《 Pourquoi accoucher est-il si dangereux ? 》, in Évelyne Heyer (dir.), *Une belle histoire de l'Homme*, Flammarion, 2022

네안데르탈인의 멸종

- Balzeau, A. *et al.*, 《 Pluridisciplinary evidence for burial for the La Ferrassie 8 Neandertal child 》, *Scientific Reports*, 2020
- Meyer, M. *et al.*, 《 A High-Coverage Genome Sequence from an Archaic Denisovan Individual 》, *Science*, 2012
- Prüfer, K. *et al.*, 《 The Complete Genome Sequence of a Neanderthal from the Altai Mountains 》, *Nature*, 2014

정글 속의 두 인류

- Choin, J., Mendoza-Revilla, J., Arauna, L.R. *et al.* 《 Genomic insights into population history and biological adaptation in Oceania 》. *Nature*, vol. 592, 2021
- Corny, J., Daver, G., Detroit, F., Salvador Mijares, A., Zanolli, C. *et al.*, 《 A new species of Homo from the Late Pleistocene of the Philippines 》, *Nature*, vol. 568, 2019
- Demeter, F., Zanolli, C., Westaway, K. E. *et al.*, 《 Middle Pleistocene Denisovan molar from the Annamite Chain of northern Laos 》, *Nature*, 2022
- Teixeira, João C. *et al.*, 《 Widespread Denisovan ancestry in Island Southeast Asia but no evidence of substantial superarchaic hominin admixture 》. *Nature Ecology & Evolution*, vol. 5, 2021

사피엔스는 고독해

- Le Monde avec AFP. 《 Près de 8,7 millions d'espèces vivantes peuplent la Terre 》. *Le Monde.fr*, 23 août 2011
- Corny, J., Daver, G., Detroit, F., Salvador Mijares, A., Zanolli, C. *et al.*,

《 A new species of Homo from the Late Pleistocene of the Philippines 》, *Nature*, vol. 568, 2019

선사시대 여자들

- Haas, R. *et al.*, 《 Female hunters of the early Americas 》, *Science Advances*, 2021
- Mittnik, A. *et al.*, 《 Kinship-based social inequality in Bronze Age Europe 》, *Science*, 2019

우리는 협력하는 원숭이들

- Boyd, R., Richerson, P. J., 《 Culture and the evolution of human cooperation 》, *Philosophical Transactions of the Royal Society*, 2009
- Candau, J., 《 Pourquoi coopérer 》, *Terrain*, vol. 58, 2012
- House, B. R., Silk, J. B., 《 The Evolution of altruistic social preferences in human groups 》, *Philosophical Transactions of the Royal Society*, 2016
- Melis, A. P., Semmann, D., 《 How is human cooperation different ? 》, *Philosophical Transactions of the Royal Society*, 2010

증거는 고구마에 있다

- Ioannidis, A. G. *et al.*, 《 Native American gene flow into Polynesia predating Easter Island settlement 》, *Nature*, 2020
- Moreno-Mayar, J. V. *et al.*, 《 Early human dispersals within the Americas 》, *Science*, 2018
- Raghavan, M. *et al.*, 《 Genomic evidence for the Pleistocene and recent population history of Native Americans 》, *Science*, 2015
- Roullier, C. *et al.*, 《 Historical collections reveal patterns of diffusion

of sweet potato in Oceania obscured by modern plant movements and recombination 》, PNAS, 2013

지구 정복을 위한 돌연변이 탄생

- Bar-On, Yinon M., 《 The biomass distribution on Earth 》. *Proceedings of the National Academy of Sciences*, vol. 115, no 25, 2018
- Fumagalli, M. *et al*., 《 Greenlandic Inuit show genetic signatures of diet and climate adaptation 》, *Science*, 2015
- Hlusko, L. J. *et al*., 《 Environmental selection during the last ice age on the mother-to-infant transmission of vitamin D and fatty acids through breast milk 》, PNAS, 2018

얌나야족, 우리의 숨은 조상

- Haak, W. *et al*., 《 Massive migration from the steppe was a source for Indo-European languages in Europe 》, *Nature*, 2015

오늘의 문화가 내일의 DNA를 만든다

- Fumagalli, M. *et al*., 《 Greenlandic Inuit show genetic signatures of diet and climate adaptation 》, *Science*, 2015
- Ilardo, M. *et al*., 《 Physiological and Genetic Adaptations to Diving in Sea Nomads 》, *Cell*, 2018
- Kothapalli, K. *et al*., 《 Positive Selection on a Regulatory Insertion–Deletion Polymorphism in FADS2 Influences Apparent Endogenous Synthesis of Arachidonic Acid 》, *Society for Molecular Biology and Evolution*, 2016

우리가 유당불내증에 걸린 이유

- Gerbault, P. *et al.*, 《 Evolution of lactase persistence : an example of human niche construction 》. *Philosophical Transactions of the Royal Society B: Biological Sciences*, vol. 366, no 1566, 2011
- Ségurel, L. *et al.*, 《 Why and when was lactase persistence selected for ? Insights from Central Asian herders and ancient DNA 》, *Plos Biology*, 2020

바스크인의 진실

- Bycroft, C. *et al.*, 《 Patterns of genetic differentiation and the footprints of historical migrations in the Iberian Peninsula 》, *Nature Communications*, 2019
- Flores-Bello A., Bauduer F., Salaberria J., Beñat B., Oyharçabal, *et al.*, 《 Genetic origins, singularity, and heterogeneity of Basques 》. *Current Biology – CB, Elsevier*, 2021
- Valdiosera, C. *et al.*, 《 Four millennia of Iberian biomolecular prehistory illustrate the impact of prehistoric migrations at the far end of Eurasia 》, PNAS, 2018

칭기즈칸과 천만 아들

- Ly, G. *et al.*, 《 From matrimonial practices to genetic diversity in Southeast Asian populations : the signature of the matrilineal puzzle 》, *Philosophical Transactions of the Royal Society*, 2019
- Marchi, N. *et al.*, 《 Sex-specific genetic diversity is shaped by cultural factors in Inner Asian human populations 》, *Physical Anthropology*, vol. 162, 2017

우리는 모두 사촌

- Coop, G., Ralph, P., 《 The Geography of Recent Genetic Ancestry across Europe 》, *Plos Biology*, 2013
- Derrida, B. *et al*., 《 On the Genealogy of a Population of Biparental Individuals 》, *Journal of Theoretical Biology*, 2000
- Gravel, S., Steel, M., 《 The existence and abundance of ghost ancestors in biparental populations 》, Theoretical Population Biology, vol. 101, 2015
- Kelleher, J. *et al*., 《 Spread of pedigree versus genetic ancestry in spatially distributed populations 》, *Theoretical Population Biology*, vol. 108, 2016
- Rohde, D. L. T. *et al*., 《 Modelling the recent common ancestry of all living humans 》, *Nature*, 2004

팬데믹은 이미 내 몸 안에

- Kerner G. *et al*., 《 Human ancient DNA analyses reveal the high burden of tuberculosis in Europeans over the last 2,000 years 》. *The American Journal of Human Genetics*, 2021

길고 짧은 건 유전자를 봐야 안다

- 《 Comparaison de la taille moyenne dans le monde 》. *Données-Mondiales.com*, www.donneesmondiales.com/taille-moyenne.php

DNA 해독을 향한 위대한 모험

- 《 Draft of the Human Genome Sequence Announcement at the White House (2000) 》. *YouTube*, National Human Genome Research Institute, 29 août 2012, www.youtube.com/watch?v=slRyGLmt3qc&ab_channel=NationalHumanGenomeResearchInstitute

- International Human Genome Sequencing Consortium, 《 Initial sequencing and analysis of the human genome 》, *Nature*, 2001
- Nurk, S. *et al*., 《 The Complete Sequence of a Human Genome 》, *Science*, 2022
- Venter, J. C. *et al*., 《 The Sequence of the Human Genome 》, *Science*, 2001

지능은 유전일까?

- Okbay, A. *et al*., 《 Polygenic prediction of educational attainment within and between families from genome-wide association analyses in 3 million individuals 》, *Nature Genetics*, 2022
- Schork, A. J. *et al*., 《 Indirect paths from genetics to education 》, *Nature Genetics*, 2022

쌍둥이의 운명

- 《 Base de données sur les naissances multiples chez les humains 》. *The Human Multiple Births Data Base*, 2021 www.twinbirths.org/fr
- Monden, C. *et al*., 《 Twin Peaks : more twinning in humans than ever before 》, *Human Reproduction*, vol. 36, 2021
- Teschler-Nicola, M. *et al*., 《 Ancient DNA reveals monozygotic newborn twins from the Upper Palaeolithic 》, *Nature*, 2020

과거는 땅속에 있다

- Trujillo, Cleber A. *et al*., 《 Reintroduction of the archaic variant of *NOVA1* in cortical organoids alters neurodevelopment 》. *Science*, vol. 371, 2021

네안데르탈인도 말을 할 수 있었을까?

- Conde-Valverde, Mercedes *et al.*, 《Neanderthals and Homo sapiens had similar auditory and speech capacities》. *Nature Ecology & Evolution*, vol. 5, 2021

인종은 거짓말

- Heyer, Évelyne, Raynaud-Paligot, Carole, *On vient vraiment tous d'Afrique ?*, Flammarion, coll. Champs, 2019

우연은 생명의 원천

- Jónsson, H. *et al.*, 《Parental influence on human germline de novo mutations in 1,548 trios from Iceland》, *Nature*, 2017

감사의 말

먼저 나의 모든 동료에게 감사를 전한다. 그들은 이 책을 쓰는 데 영감의 원천이 되어준 수많은 연구를 이끌어왔다.

라디오 방송국 프랑스 앵테르의 〈라 테르 오 카레〉에서 하고 싶은 이야기를 자유롭게 쓸 수 있도록 기회를 준 진행자 마티유 비다르에게도 큰 감사를 올린다.

크리스티앙 쿠니용 편집자가 없었다면 이 책도 존재하지 않았을 것이다. 그자비에 뮐러 씨가 섬세하게 손을 봐준 끝에 책이 더 좋아졌다. 두 분께도 감사 인사를 보낸다.

지식을 전파하는 일에 용기를 준 이브 코팡 교수님을 향한 특별한 마음을 전하고 싶다. 교수님은 내게 과학 이야기꾼의 본보기로서 영원히 기억될 것이다.

키부터 성격, 지능까지 우리를 구성하는 유전자의 모든 것
세상 친절한 유전자 이야기

초판 1쇄 발행 2024년 5월 22일

지은이 에블린 에예르
옮긴이 윤여연
펴낸이 성의현
펴낸곳 (주)미래의창

편집주간 김성옥
책임편집 조소희
디자인 강혜민

출판 신고 2019년 10월 28일 제2019-000291호
주소 서울시 마포구 잔다리로 62-1 미래의창빌딩(서교동 376-15, 5층)
전화 070-8693-1719 **팩스** 0507-0301-1585
홈페이지 www.miraebook.co.kr
ISBN 979-11-93638-24-8 (03470)

※ 책값은 뒤표지에 표기되어 있습니다.